广东省“粤菜师傅”工程培训教材

广东省职业技术教研室　组织编写

潮式卤味制作工艺

SPM 南方出版传媒
广东科技出版社｜全国优秀出版社
·广　州·

图书在版编目（CIP）数据

潮式卤味制作工艺 / 广东省职业技术教研室组编. —广州：广东科技出版社，2019.8（2021.12 重印）
广东省“粤菜师傅”工程培训教材
ISBN 978-7-5359-7156-2

Ⅰ.①潮… Ⅱ.①广… Ⅲ.①卤制—菜谱—潮州—技术培训—教材 Ⅳ.①TS972.121

中国版本图书馆CIP数据核字（2019）第138905号

潮式卤味制作工艺
Chaoshi Luwei Zhizuo Gongyi

出 版 人：朱文清
责任编辑：区燕宜
封面设计：柳国雄
责任校对：谭 曦
责任印制：彭海波
出版发行：广东科技出版社
（广州市环市东路水荫路 11 号 邮政编码：510075）
销售热线：020-37607413
http：//www.gdstp.com.cn
E-mail：gdkjbw@nfcb.com.cn
经 销：广东新华发行集团股份有限公司
排 版：创溢文化
印 刷：广州市东盛彩印有限公司
（广州市增城区新塘镇太平洋工业区十路2号 邮政编码：510700）
规 格：787mm×1 092mm 1/16 印张 5.5 字数 110 千
版 次：2019 年 8 月第 1 版
2021年12月第 4 次印刷
定 价：24.00 元

广东省“粤菜师傅”工程培训教材

《潮式卤味制作工艺》编写委员会

主　　编：陈少俊　高庭源

副 主 编：李光亮　纪瑞喜　赵怀权

参编人员：张　梅　陈敬骅　陈邦涛　杨旭宏

林培伟　苏育明　肖伟忠　陈汉章

张进忠

FOREWORD

前言

粤菜，一个可以追溯至距今两千多年的菜系，以其深厚的文化底蕴、鲜明的风味特色享誉海内外。它是岭南文化的重要组成部分，是彰显广东影响力的一块金字招牌。

利民之事，丝发必兴。2018年4月，中共中央政治局委员、广东省委书记李希倡导实施“粤菜师傅”工程。一年来，全省各地各部门将实施“粤菜师傅”工程作为贯彻落实习近平总书记新时代中国特色社会主义思想和党的十九大精神的具体行动，作为深入实施乡村振兴战略的关键举措，作为打赢精准脱贫攻坚战的重要抓手，系统研究部署，深入组织推进，广泛宣传发动，开展技能培训，举办技能大赛，掀起了实施“粤菜师傅”工程的行动热潮，走出了一条促进城乡劳动者技能就业、技能致富，推动农民全面发展、农村全面进步、农业全面升级的新路子。2018年12月，李希书记对“粤菜师傅”工程做出了“工作有进展，扎实推进，久久为功”的批示，在充分肯定实施工作的同时，也提出了殷切的期望。

人才是第一资源。培养一批具有工匠精神、技能精湛的粤菜师傅，是推动“粤菜师傅”工程向纵深发展的关键所在。广东省人力资源和社会保障厅结合广府菜、潮州菜、客家菜这三大菜系的特色，组织中式烹饪行业、企业和专家，广泛参与标准研发制定，加快建立“粤菜师傅”

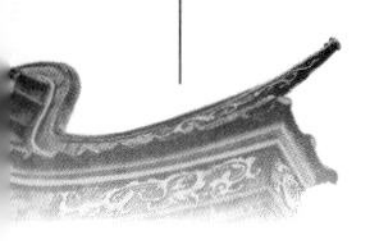

职业资格评价、职业技能等级认定、省级专项职业能力考核、地方系列菜品烹饪专项能力考核等多层次评价体系。在此基础上，组织技工院校、广东餐饮行业协会、企业和一大批粤菜名师名厨，按照《广东省“粤菜师傅”烹饪技能标准开发及评价认定框架指引》和粤菜传统文化，编写了《粤菜师傅通用能力读本》《广府风味菜烹饪工艺》《广式点心制作工艺》《广东烧腊制作工艺》《潮式风味菜烹饪工艺》《潮式风味点心制作工艺》《潮式卤味制作工艺》《客家风味菜烹饪工艺》《客家风味点心制作工艺》9本教材，为大规模培养粤菜师傅奠定了坚实基础。

行百里者半九十。“粤菜师傅”工程开了个好头，关键在于持之以恒，久久为功。广东省人力资源和社会保障厅将以更积极的态度、更有力的举措、更扎实的作风，大规模开展“粤菜师傅”职业技能培训，不断壮大粤菜烹饪技能人才队伍，为广东破解城乡二元结构问题、提高发展的平衡性、协调性做出新的更大贡献。

广东省人力资源和社会保障厅

2019年8月

编写说明

《广东省“粤菜师傅”工程实施方案》明确提出为推动广东省乡村振兴战略，将大规模开展“粤菜师傅”职业技能教育培训。力争到2022年，全省开展“粤菜师傅”培训5万人次以上，直接带动30万人实现就业创业。培养粤菜师傅，教材要先行。

在广东省“粤菜师傅”工程培训教材的组织开发过程中，广东省职业技术教研室始终坚持广东省人力资源和社会保障厅关于“教材要适应职业培训和学制教育，要促进粤菜烹饪技能人才培养能力和质量提升，要为打造‘粤菜师傅’文化品牌，提升岭南饮食文化在海内外的影响力贡献文化力量”的要求，力争打造一套富有工匠精神，既适合职业院校专业教学又适合职业技能培训和岭南饮食文化传播的综合性教材。

其中，《粤菜师傅通用能力读本》图文并茂，可读性强，主要针对“粤菜师傅”的工匠精神，职业素养，粤菜、粤点文化，烹饪基本技能，食品安全卫生等理论知识的学习。《广府风味菜烹饪工艺》《广式点心制作工艺》《广东烧腊制作工艺》《潮式风味菜烹饪工艺》《潮式风味点心制作工艺》《潮式卤味制作工艺》《客家风味菜烹饪工艺》《客家风味点心制作工艺》8本教材，通俗易懂、实用性强，侧重于粤菜风味菜的烹饪工艺和风味点心制作工艺的实操技能学习。

整套教材按照炒、焖、炸、煎、扒、蒸、焗等7种粤菜传统烹饪技

法和蒸、煎、炸、水煮、烤、炖、煲等7种粤点传统加温方法，收集了广东地方风味粤菜菜品近600种和粤点点心品种约400种，其中包括深入乡村挖掘的部分已经失传的粤式菜品和点心。同时，整套教材还针对每个菜品设计了“名菜（点）故事”“烹调方法”“原材料”“工艺流程”“技术关键”“风味特色”“知识拓展”7个学习模块，保障了“粤菜师傅”对粤菜（点）理论和实操技能的学习及粤菜文化的传承。另外，为促进粤菜产业发展，加速构建以粤菜美食为引擎的产业经济生态链，促进“粤菜+粤材”“粤菜+旅游”等产业模式的形成，整套教材还特别添加了60个“旅游风味套餐”，涵盖广府菜、潮州菜、客家菜三大菜系。这些套餐均由粤菜名师名厨领衔设计，根据不同地域（区），细分为“点心”“热菜”“汤”等9种有故事、有文化底蕴的地方菜品。

国以民为本，民以食为天。我们借助岭南源远流长的饮食文化，培养具有工匠精神、勇于创新的粤菜师傅，必将推进粤菜产业发展，助力“粤菜师傅”工程，助推广东乡村振兴战略，对社会对未来产生深远影响。

广东省职业技术教研室

2019年8月

CONTENTS

目录

一、潮式卤味 “粤菜师傅”学习要求

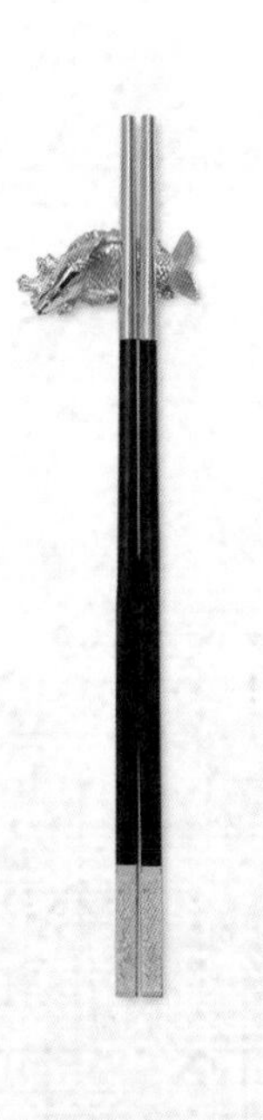

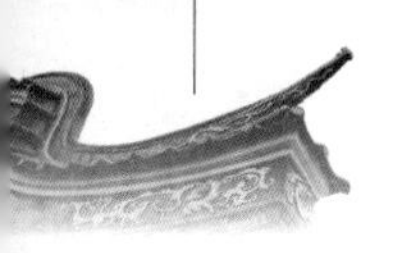

潮式卤味是粤菜的重要组成部分。卤的方法是潮汕的特有食法，是世代相传的一种普遍的烹饪方法。潮式卤味是一道色香味俱全的地方传统名肴，其制法是用红糖、清水、食盐、豆酱（或酱油）、葱头、南姜、桂皮、八角、茴香等十几种天然香料进行“打卤”，然后将鹅、鸭或猪脚、猪头皮之类浸入卤锅，科学用火卤制。不同的卤品所需的火候及时间是不同的。潮式卤味的制作，源远流长，制作讲究，流派颇多，制作方法大同小异，味道也各有千秋。北方烧鹅、烧鸭虽香，但较干韧，而潮汕的卤鹅、卤鸭、卤肉类，肉中含较多水分，韧度适中，且有卤汤可淋，各有千秋。年节祭神祭祖，有这种褐色的卤品，就显得庄重了。其代表品种有：卤狮头鹅、卤鸭舌、卤蛋、卤猪头皮、卤猪肚、卤猪脚、卤猪耳、卤羊肉、卤金钱肚、饶平白斩鹅、卤豆干、卤腐皮等。

卤猪脚

（一）学习目标

通过对潮式卤味“粤菜师傅”的学习，粤菜师傅实现知识和技能的双线提升，既具有娴熟的潮式卤味操作技术，也掌握系统的潮式卤味理论知识。学习目标主要包括知识目标和技能目标两方面，具体内容如下：

1. 知识目标

（1）了解潮式卤味的发展历史。
（2）熟悉潮式卤味制作的厨房管理要求。
（3）了解潮式卤味常用香料原料知识。
（4）掌握食品安全相关知识。

2. 技能目标

（1）能熟练运用潮式卤味常用工具和设备。
（2）能进行潮式卤味常用酱汁及卤水的制作。

（3）能进行潮式卤味原料的前处理操作。

（4）能进行各种潮式卤味品种的制作。

（5）能正确鉴别潮式卤味品种的质量。

（二）基本素质要求

潮式卤味粤菜师傅除了需要掌握系统的理论知识和扎实的操作技能之外，同时必须具备良好的职业素养。根据餐饮服务行业的特点，粤菜师傅必须具备的职业素养包括以下几个方面：

1. 具备优良的服务意识

餐饮业定义为第三产业，是服务业的一块重要拼图，这就决定了餐饮业从业人员必须具备强烈的服务意识及优良的服务态度。服务质量直接影响企业的光顾率、回头率及可持续发展，由此可以看出，粤菜师傅的工作态度，直接影响菜品的出品质量，并间接决定了粤菜师傅的行业影响力。基于此，粤菜师傅必须时刻端正及重视自身的服务态度，这是良好职业素养的基石。常言道，顾客是上帝。只有把优良的服务意识付诸行动，贯彻于学习和工作之中，才能够精于技艺，才能够乐享粤菜师傅学习的过程，才能够保证菜品的出品质量。

师傅授艺

2. 具备强烈的卫生意识

粤菜师傅必须具备良好的卫生习惯，卫生习惯既指个人生活习惯，同时也包括工作过程中的行为规范。卫生是食品安全的有力保障，餐饮业中的食品安全问题屡见不鲜，其中很大一部分与从业人员的卫生习惯密切相关。粤菜师傅首先必须从我做起，从生活中的点滴小事做起，养成良好的个人卫生习惯，进而形成健康的饮食习惯。除此之外，粤菜师傅在菜品制作过程中要严格遵守食品安全操作

规程，拒绝有质量问题的原材料，拒绝不能对菜品提供质量保障的加工环境，拒绝有安全风险的制作工艺，拒绝一切会影响顾客身心健康的食品安全问题。没有良好的卫生习惯，一定不能成就一位合格的粤菜师傅。

厨师既是美食的制造者，又是美食的监管者，因此，厨师除了具有食物烹饪的技能之外，还须具备强烈并且是潜移默化的卫生意识，绝对不能马虎以及时刻不能松懈。厨师的卫生意识包括个人卫生意识、环境卫生意识及食品卫生（安全）意识三个方面。

3. 具备突出的协作精神

一道精美的菜品从备料到出品要经过很多道工序，其中任何一个环节的疏忽都会影响菜品的出品质量，这就需要不同岗位的粤菜师傅之间的相互协作。好的菜品一定是团队智慧的结晶，反映出团队成员之间的默契程度，绝不仅是某一位师傅的功劳。每位粤菜师傅根据自身特点都拥有精通的技能，是专才，并非通才。粤菜师傅根据技能特点的差异而从事不同的岗位工作，岗位只有分工的不同而没有高低贵贱之分，每个岗位都是不可或缺的重要环节，每个粤菜师傅都是独一无二的。粤菜师傅之间只有相互协作、目标一致，才能够汇聚成巨大的能量，才能够呈现自身的最大价值。

（三）学习与传承

粤菜的快速发展离不开一代又一代粤菜师傅的辛勤付出，粤菜师傅是粤菜发展的原动力。粤菜文化与粤菜师傅的工匠精神是粤菜的宝贵财富，需要继往开来的新一代粤菜师傅的学习与传承。

1. 学习粤菜师傅对职业的敬畏感

老一辈粤菜师傅素有专一从业的工作态度，一旦从事粤菜烹饪，就会全心全意地投入钻研粤菜烹饪技艺及弘扬粤菜饮食文化的工作中去，把自己一生都奉献给粤菜烹饪事业，日积月累，最终实现粤菜师傅向粤菜大师的升华。这种把一份普通工作当作毕生的事业去从事的态度，正是我们常说的敬业精神。在任何时候，老一辈粤菜师傅都会怀有把自己掌握的技能与行业的发展连在一起、把为行业发展贡献一份力量作为自身奋斗不息的情操，时刻把不因技艺欠精而给行业拖

后腿作为激励自己及带动行业发展的动力。这份对所从事职业的情怀与敬畏值得后辈粤菜师傅不断地学习，也只有喜爱并敬畏烹饪行业，才能够全身心投入学习，才能够勇攀高峰，才能够把烹饪作为事业并为之奋斗。

2. 学习粤菜师傅对工艺的专注度

老一辈粤菜师傅除了具有敬业的精神之外，对菜品制作工艺精益求精的执着追求也值得后辈粤菜师傅学习。他们不会将工作浮于表面，不会做出几道“拿手”菜肴就沾沾自喜，迷失于聚光灯之下。他们深知粤菜师傅的路才刚刚开始，粤菜宝库的门才刚刚开启，时刻牢记敬业的初心，埋头苦干才能享受无上的荣耀。须知道，每一位粤菜师傅向粤菜大师蜕变都是筚路蓝缕，没有执着的追求，没有坚定的信念，没有从业的初心是永远没有办法支撑粤菜师傅走下去的，甚至还会导致技艺不精，一事无成。只有脚踏实地、牢记使命、精益求精才是检验粤菜大师的试金石，因为在荣耀背后是粤菜大师无数日夜的默默付出，这种执着不是一般粤菜师傅能够体会到的。因此，必须学习老一辈粤菜师傅精益求精的执着态度，这也是工匠精神的精髓。

苦练技艺

3. 传承粤菜独树一帜的文化

粤菜文化具有丰富的内涵，是南粤人民长久饮食习惯的沉淀结晶。广为流传的广府茶楼文化、点心文化、筵席文化、粿文化、粄文化，还有广东烧腊、潮式卤味等，都成了粤菜文化具有代表性的名片，是由一种饮食习惯逐步发展成文化传统。只有强大的文化根基，才能够支撑菜系不断地向前发展，粤菜文化是支撑粤菜发展的动力，同时也是粤菜的灵魂所在，继承和弘扬粤菜文化对于新时代粤菜师傅尤为重要。经过历代粤菜师傅的不懈努力，“食在广州”成了粤菜文化的金字招牌，享誉海内外，这是对粤菜的肯定，也是对粤菜师傅的肯定，更是对南粤人民的肯定。作为新时代的粤菜师傅，有义务更有责任把粤菜文化的重担扛起来，引领粤菜走向世界，让粤菜文化发扬光大。

4.传承粤菜传统制作工艺

随着时代的发展，各菜系之间的融合发展越来越明显，为了顺应潮流，粤菜也在不断推陈出新，粤菜新品层出不穷，这对于粤菜的发展起到很好的推动作用，唯有创新才能够永葆活力。粤菜师傅对粤菜的创新必须建立在坚持传统的基础上，而不是对粤菜传统制作工艺的全盘否定而进行的胡乱创新。粤菜传统制作工艺是历代粤菜师傅经过反复实践而总结出来的制作方法，是适合粤菜特有原材料的制作方法，是满足南粤人民口味需求的制作方法，也是粤菜师傅集体智慧的结晶，更是粤菜宝库的宝贵财富。新时代粤菜师傅必须抱着以传承粤菜传统制作工艺为荣，以颠覆粤菜传统为耻的心态，维护粤菜的独特性与纯正性。创新与传统并不矛盾，而是一脉相承、相互依托的，只有保留传统的创新才是有效创新，也只有接纳创新的传统才值得传承，粤菜师傅要牢记使命，以传承粤菜传统工艺为己任。

卤五花肉

总之，粤菜师傅的学习过程是一个学习、归纳、总结交替进行的过程。正所谓“千里之行始于足下，不积跬步无以至千里”，只有付出辛勤的汗水，才能够体会收获的喜悦；只有反反复复地实践，才能够获得大师的精髓；只有坚持不懈的努力，才能够感知粤菜的魅力……通过潮式卤味粤菜师傅的学习，相信能够帮助你寻找到开启粤菜知识宝库的钥匙，最终成为一名合格的卤味粤菜师傅。让我们一起走进潮式卤味的世界吧，去感知潮式卤味的无限魅力……

二、潮式卤味基础知识

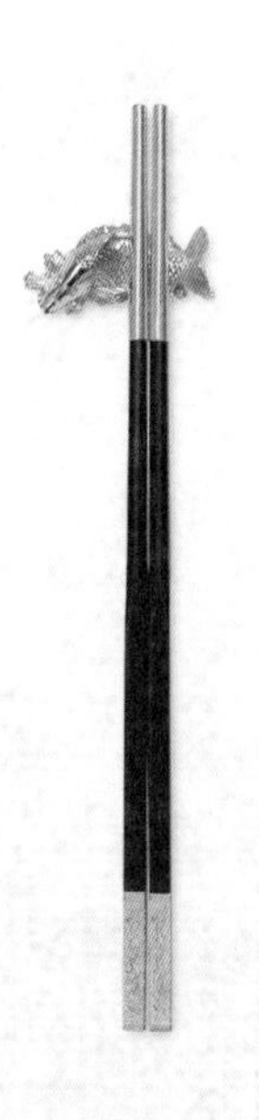

（一）潮式卤味概述

卤制品的起源可以追溯到战国时期，有关卤菜的最早记载，是战国时期的宫廷名菜“露鸡”。《楚辞·招魂》和《齐民要术》中记载了“露鸡”的制作方法（露鸡臛（huo）蠵（xi），厉而不爽些），郭沫若根据这些记载在《屈原赋今译》中将其解作“卤鸡”，可见卤法始于先秦时期。而此后红卤的烧鸡、白卤的白斩鸡都是根据“露鸡”发展而来的。

在中国饮食文化史上，香料的使用起源很早。其中花椒、肉桂、高良姜、香茅草（这个历史上鲜有介绍，同时也是熏浴的香料，在20世纪80年代后才被应用到膳食香料）等香料，与猪、牛、鸡、鹅等原料并存。但要确认当时已有“卤制法”则还缺乏证据。北魏时期贾思勰的《齐民要术》中记载有“绿肉法”，是最早的卤制法，该书中对绿肉法作如下表述：“用猪、鸡、鸭肉，方寸准（zhun），熬之，葱、姜、橘、胡芹、小蒜细切与之，下醋，切肉名‘绿肉’。”到明清时期，“卤水”的材料和配方基本固定，《随园食单》中有关卤制的记载如下。

（1）卤鸡

“卤鸡”与潮汕卤鹅的烹制方法略相似。如鸡肚内塞大葱等香料，这与潮汕卤鹅大致相同；其卤汤用酒、水、油，则比潮汕卤鹅要简单得多。

卤鸡——囫囵鸡一只，肚内塞葱三十条，茴香二钱，酒一斤，秋油一小杯，先滚一炷香的时间，加水一斤、脂油二两，一齐同煨。待鸡熟取出脂油。水要用熟水，收浓卤一饭碗才取起，或拆碎，或薄刀片之，仍以原卤拌食。

（2）卤鸭、挂卤鸭

挂卤鸭——塞葱鸭腹，盖焖而烧。水西门许店最精，家中不能作。有黄、黑二色，黄者更妙。

（3）云林鹅

云林鹅——倪《云林集》中，载制鹅法。整鹅一只，洗净后，用盐三钱擦其腹内，塞葱一帚，填实其中，外将蜜拌酒通身满塗（ 涂 ）之，锅中一大碗酒、一大碗水烝（ 蒸 ）之，用竹箸架之，不使鹅身近水。灶内用山茅二束，缓缓烧尽为度。俟锅盖冷后，揭开锅盖，将鹅翻身，仍将锅盖封好烝（ 蒸 ）之，再用茅柴一束，烧尽为度；柴俟其自尽，不可挑拨。锅盖用绵纸糊封，逼燥裂缝，以水润之。起锅时，不但鹅烂如泥，汤亦鲜美。以此法制鸭，味美亦同。每茅柴一束，重一斤八两。擦盐时，搀入葱、椒末子，以酒和匀。《云林集》中，载食品甚多，只此一法，试之颇效，余俱附会。

卤味，是潮汕人对鹅、鸭或猪脚、猪头皮以至狗肉的一种很普遍、很日常的烹饪方式，很有特色。无论游神赛会、祭祖拜神、节日或红白喜事，以至平常日食、宴客，常有这种卤品。卤味的制法，就是将适量红糖放入锅里，滴上几滴水一起煮，糖即溶化，煮至完全起泡时，加水少许，将盐、酱油加入，称为“打卤”。将去毛剖腹处理好的整只生鹅、生鸭或猪脚、猪头皮之类放入锅内翻转，让其表皮粘上卤色，再加水和葱头、南姜、桂皮、八角、茴香、食盐等调味料，用文火煮至筷子能容易插入肉里，就可捞出来，这便是香嫩可口的卤味，那些汤便叫“卤汤”。吃时将卤物切片置于盘中，淋上一些卤汤，便是一种美味了。上面再放一些切成小段的青芫荽，称为“芫荽叠盘头”。

（二）潮式卤味岗位管理要求

潮式卤味厨师从事食品加工工作，每天接触熟食食品，个人卫生及作业环境的卫生、安全问题直接或间接影响食品质量。因此，要求厨师在上岗前必须提前做好相关的岗前管理工作，以确保厨房生产经营工作顺利进行。

1. 个人准备

（1）个人卫生

①坚持“四勤”。在生活习惯方面应做到勤洗手，勤剪指甲，勤洗澡和勤理发，勤洗衣服和勤洗被褥，勤换工作服和勤洗毛巾。

②严格遵守生产经营场所卫生规程。

（2）工服的穿戴

上岗前必须按规定穿戴好厨师服、厨师帽、工作鞋、工作牌等。

（3）仪容仪表

上岗前厨师必须戴厨师帽，并且要求头发全部在厨师帽内。在进入工作区域前要求对工装和帽子上的头发进行检查。

①面部。面部必须干净，直接接触食品的员工不许化妆，男士不许留胡须及长鬓角。厨师必须戴口罩（鼻孔不外漏）。确保牙齿洁白，口腔清新无异味（上

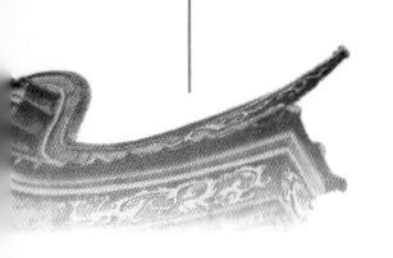

掌心相对，手指并拢，相互搓擦

手心对手背，沿指缝相互搓擦，交换进行

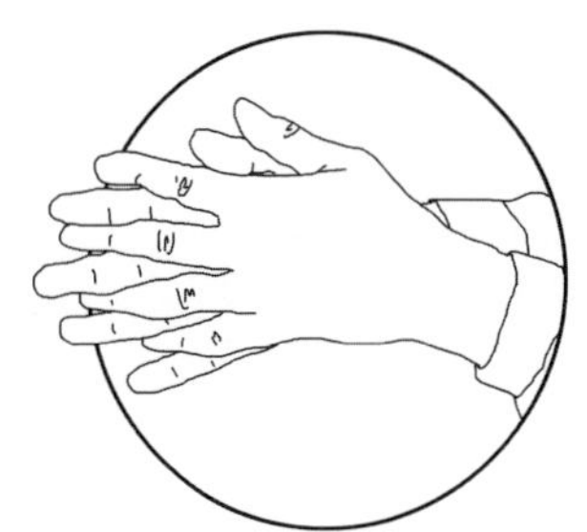

掌心相对，沿指缝相互搓擦

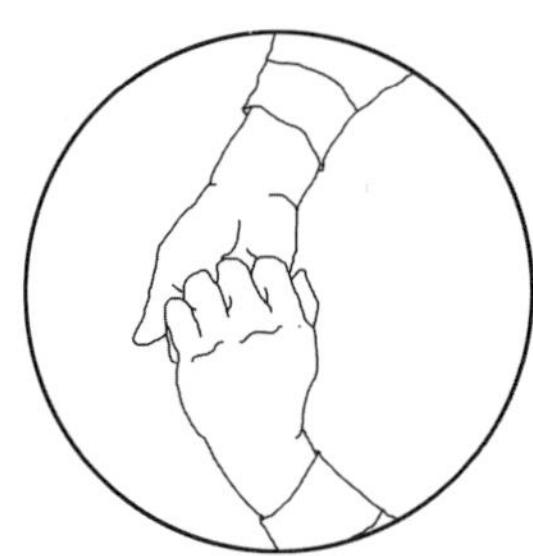

双手指相扣，相互搓擦

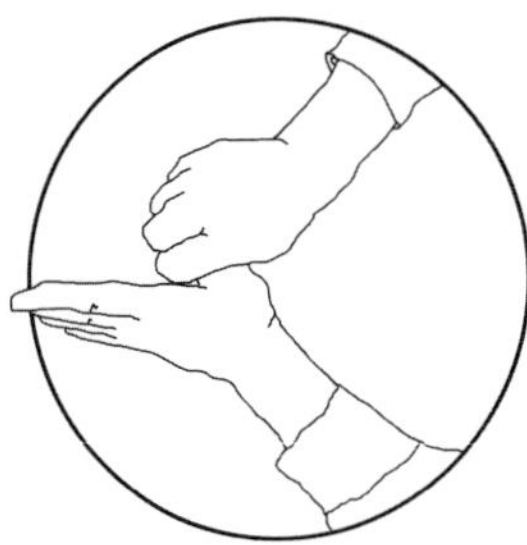

一手握另一手拇指，旋转搓擦，交换进行

五指并拢，在另一手掌心旋转搓擦，交换进行

洗手方式

剪指甲

勤洗浴

班前不应吃有刺激性气味的食物）。

②手部。手部表面干净、无污垢；指甲外端不准超过指尖，指甲内无污垢，不准涂指甲油。

厨师仪容仪表

2. 环境准备

卤味岗位每次营业结束后虽然经过卫生清洁、安全检查，但夜间偶尔也会有粉尘、蟑螂等，造成厨房工作环境污染，为此，上班前进行工作环境检查是必不可少的环节。

（1）卫生检查

做好地板、工作台面、橱柜层架、下水沟的检查，并做好岗位操作台面的卫生清洁工作。

（2）安全检查

厨房是加工食品的综合性生产场所，由于餐饮业饮食产品品种繁多，工艺多样，涉及各种类型的设备和工具，加上厨房是人员密集的地方，所以在生产过程中存在多种危险和危害因素。因此，上班前要做好操作场地、电器设备安全检查。

（3）环境问题

在正式工作前需对岗位环境出现的问题进行处理，保证工作环境卫生整洁、通道畅通，确保工作高效、有序进行。

3. 工具准备

岗前检查并准备好卤味制作使用工具，如砧板、刀具、汤锅、炒锅、漏勺、肉钩等。

4. 工作管理

根据客情和菜单，提前准备好材料。接受订单，提前预制成半成品，做好充分的准备工作。按收单时间起菜，按要求及客人口味准备上菜。

（三）潮式卤味常用香料性味与功能

潮式卤味运用的香料一般由中药材及香料组成，卤水中的香料是卤味的灵魂组成部分，是潮汕人民生活智慧的结晶。中药材的应用使卤味滋味醇厚又具有食疗效用，故此香料的食用就得有“君臣使佐”之分，以收药食同源之功效。其中八角、高良姜（潮汕称为南姜）为“君”，白豆蔻、草果为“臣”，桂皮、香叶为“佐”，其他香料为“使”。香料的使用一般都是用汤料包按比例包扎在一起，投入调制好的卤水中熬制出味后捞出，不宜久煮。

1. 八角

八角别名大茴、大茴香，滋味甘、香，有强烈而特殊的香气，是卤水中最主要的香料。能够促进肠胃蠕动，有健胃、祛痰、促进食欲的作用。

2. 草果

草果别名草果仁、姜草果仁，可去燥湿除寒，消食化积，健脾。其应用在卤水中，经肉料吸收后，可以去除肉腥膻等异味。用时常用剪刀剪开口子，使其发挥最大功效。

八角

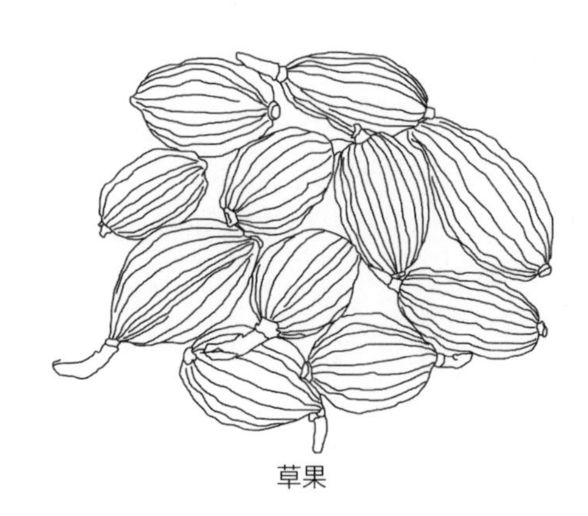

草果

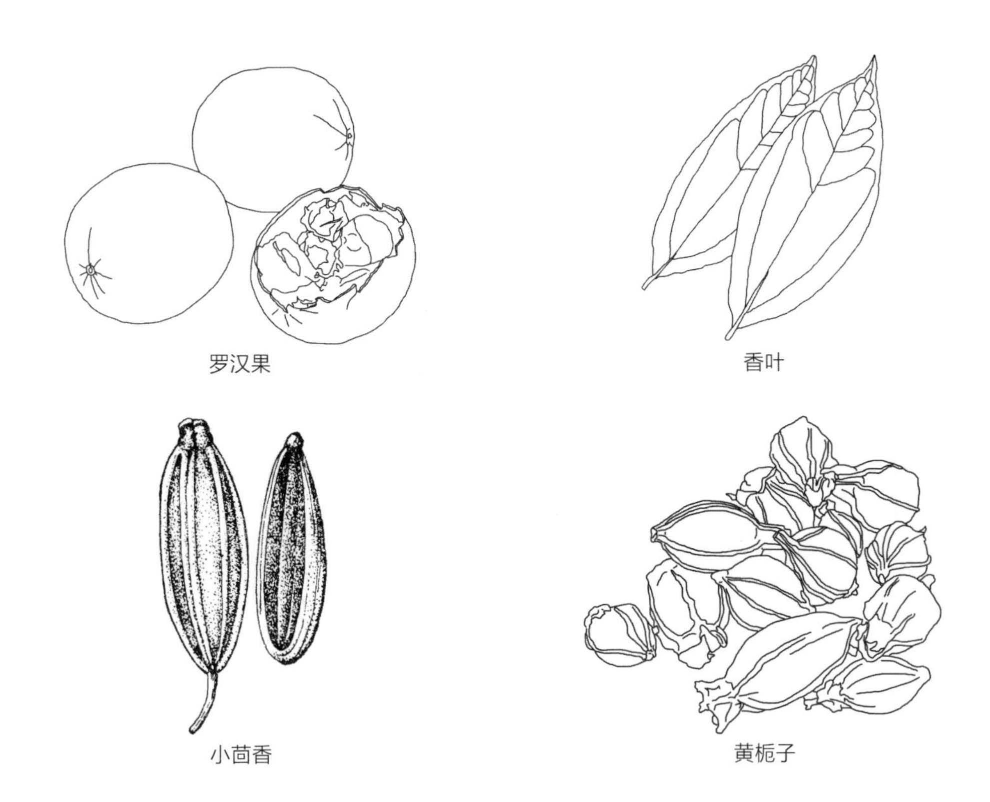

罗汉果　香叶　小茴香　黄栀子

3. 罗汉果

罗汉果一般取果实使用。其具极高且柔和的甜味，糖尿病患者可食用。有润肺止咳、生津止渴、润肠通便的功效。用时掰开果实，使其味道发挥到最大。

4. 香叶

香叶别名月桂叶，具有暖胃、消滞、润喉止渴的功效，还能解鱼蟹毒。其应用在卤水中，经肉料吸收后，可增加肉质鲜甜味。

5. 小茴香

小茴香别名小茴，可去鱼肉腥味，具有温肾散寒、和胃理气的作用。其应用在卤水中，经肉料吸收后，挥发小茴香本身芬芳香气，能减轻肉质膻味。

6. 黄栀子

黄栀子别名黄萁子、黄枝子、水栀，用于调色，令食物色味俱佳，增加食欲。

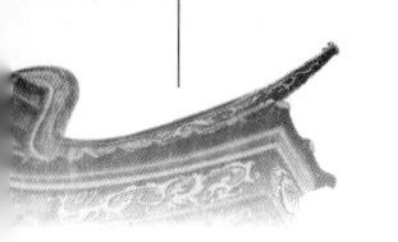

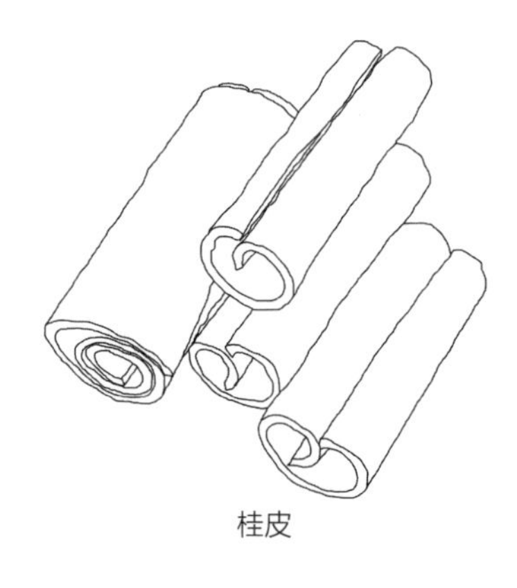

桂皮

白豆蔻

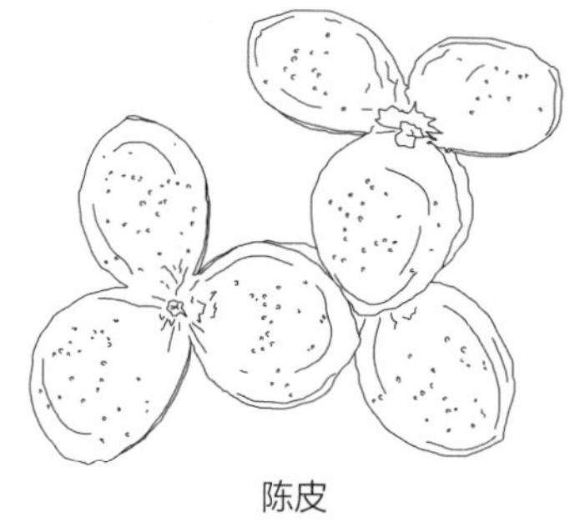

陈皮

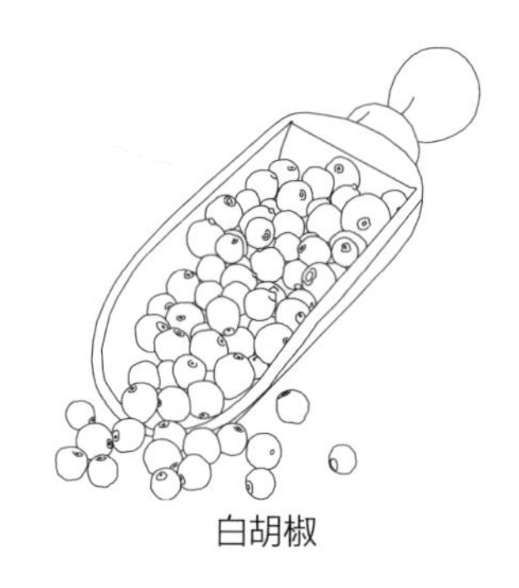

白胡椒

7. 桂皮

桂皮别名肉桂皮，其含挥发油而香气馥郁，性大热，味甘辛，有健胃、强身、散寒、止痛等作用。

8. 白豆蔻

白豆蔻别名豆蔻仁，性温，味辛，其应用在卤水中，经肉料吸收后，可减少肉腥味。

9. 陈皮

陈皮别名柑皮、橘皮，可解鱼蟹毒，能理气、化痰、和脾、镇咳。其应用在卤水中，经肉料吸收，可减少肉腥味，还有增加菜肴风味的作用。

10. 白胡椒

白胡椒别名胡椒，性热，味辛辣，其应用在卤水中，可减少肉料腥膻味，也可消除胃内积气，促进食欲。

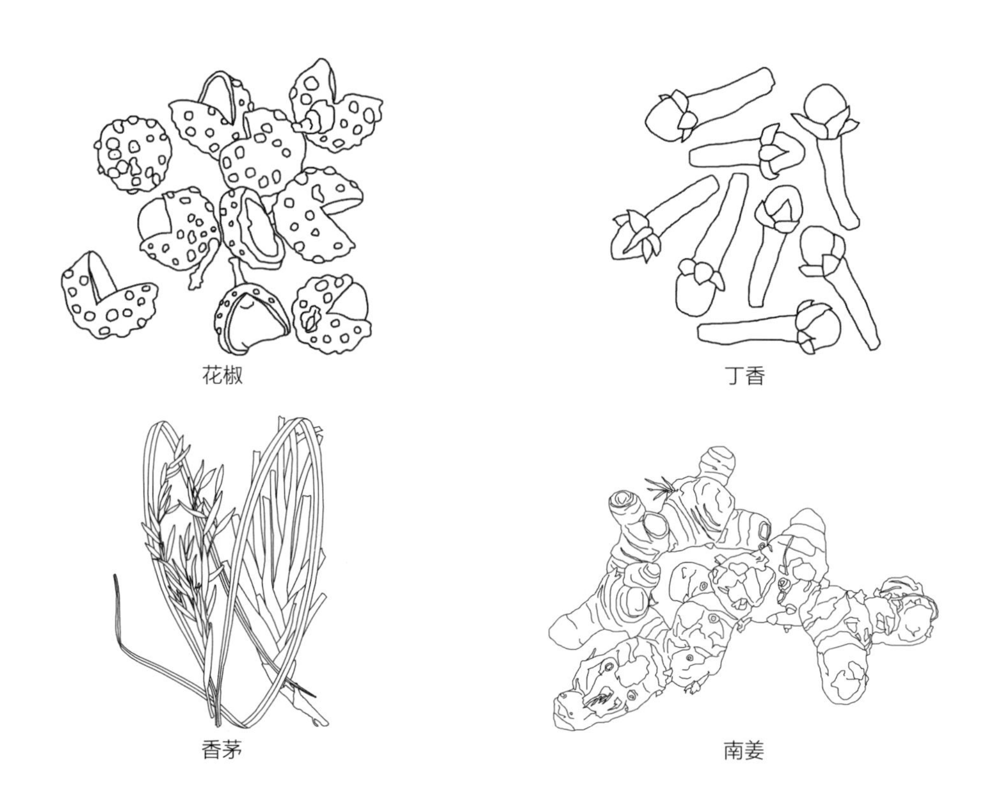

11. 花椒

花椒性温，味辛辣，有弥漫性。有温中散寒、祛湿、止痛、杀虫之功。在卤水中应用能起到去腥解毒的作用，其所含物质被肉料吸收后不改变其功效。

12. 丁香

丁香别名丁子香，可缓解腹部胀气，其应用在卤水中，有增香、调味、去腥的作用，还可起到抗氧化、杀菌的功效。

13. 香茅

香茅别名大风茅、柠檬草、柠檬茅，性温，味辛，其应用在卤水中，可增加肉类的香气，刺激味蕾，增加食欲。

14. 南姜

南姜别名芦苇姜、高良姜、潮州姜，其应用在卤水中，可减少肉料腥膻味，亦能促进肠胃蠕动，增加食欲。

15. 芫荽籽

芫荽籽具有温和的辛香味道，带有鼠尾草和柠檬混合的气味。其应用到卤水中，可减少肉料腥膻味，增强香味，并有健胃消食、散寒理气的作用。

芫荽籽

16. 甘草

甘草别名甜草根、生甘草、炙甘草，有清热解毒、祛痰止咳之功，因此有“甘草和百药”的说法。其应用在卤水中，可去除肉的腥膻味，还可和中缓急，有润肺、祛痰、镇咳、解毒的功效。

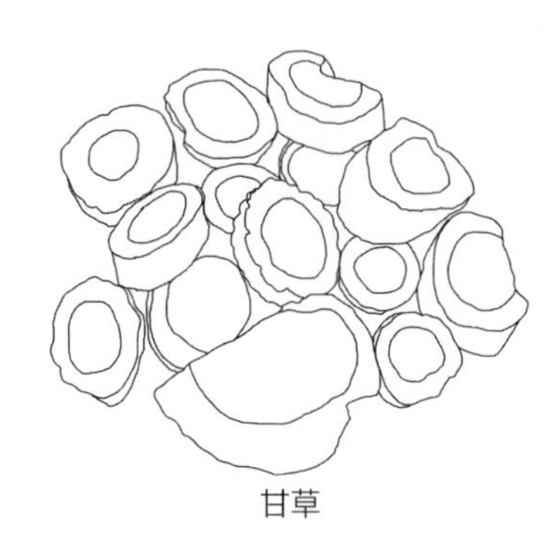

甘草

17. 砂仁

砂仁别名春砂仁，除有浓烈芳香气味和强烈辛辣外，还对肠道有抑制作用。一般将干果用布包好，用锤子之类的东西把它们砸成碎末，然后就可以用来做调味料了。如果用在煲汤上一般不用砸成碎末，整颗放进去煲就可以，或者也可以去皮炒一下再用。其应用在卤水中，有增香提味的作用。

砂仁

18. 蒜头

蒜头是一种常用的调味香料，其应用在卤水中，有去腥增味的作用。

蒜头

（四）潮式卤味常用工具

1.卤桶

一般采用不锈钢汤桶，有多种规格（36.7厘米、40厘米、43.3厘米、50厘米），视卤量而定，用于卤鹅、鸭及其他肉料。

卤桶

2.卤锅

不锈钢深底锅，旧时采用土制砂钵（潮汕称：脚钵）。有多种规格，主要用于卤制鹅肠、血、肝、猪肠等本身带杂味较重的原料，也用于盛装最后淋上卤味的卤汁、卤膀。

3.笊篱

规格有26.6厘米、33.3厘米、40厘米等，用于网捞卤制好的卤水肉料，如鹅掌、鹅翅等件头中小的原料。

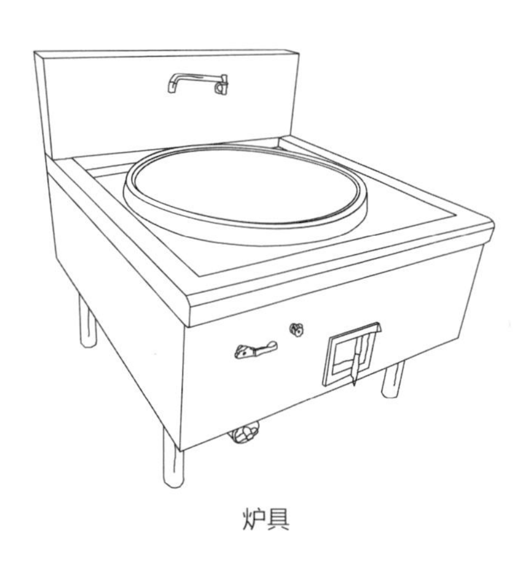

炉具

4.长木把不锈钢密隔

一般为木把手，长约50厘米的不锈钢滤网密隔，用于过滤卤水里的残余肉料、药渣。

5.木柄长手钩

为木制手柄，长60~70厘米的不锈钢或铁制钩，用于翻转卤鹅和吊汤。

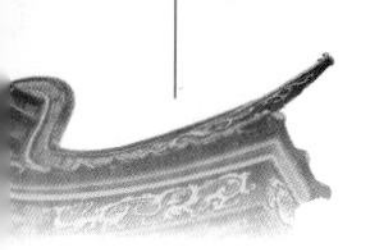

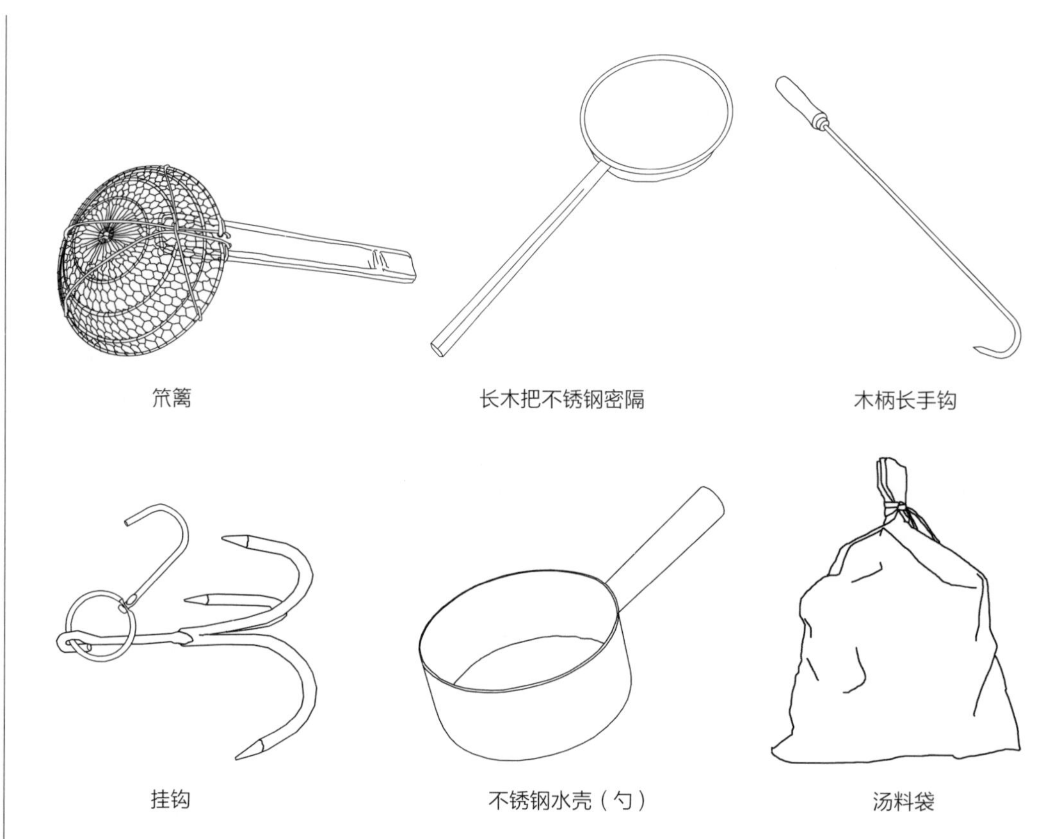

笊篱　长木把不锈钢密隔　木柄长手钩

挂钩　不锈钢水壳（勺）　汤料袋

6. 挂钩

为不锈钢制，一般规格为30~40厘米的“S”形单钩或“S”形双钩，用于熟料的挂吊。

7. 不锈钢水壳（勺）

不锈钢制，用于勺卤汤淋制。

8. 汤料袋

一般为纱布制的带束口袋，有大、中、小规格区分，用于装卤料的药材或香料。

9. 不锈钢托盘

用于盛装卤制完成的整件肉料。

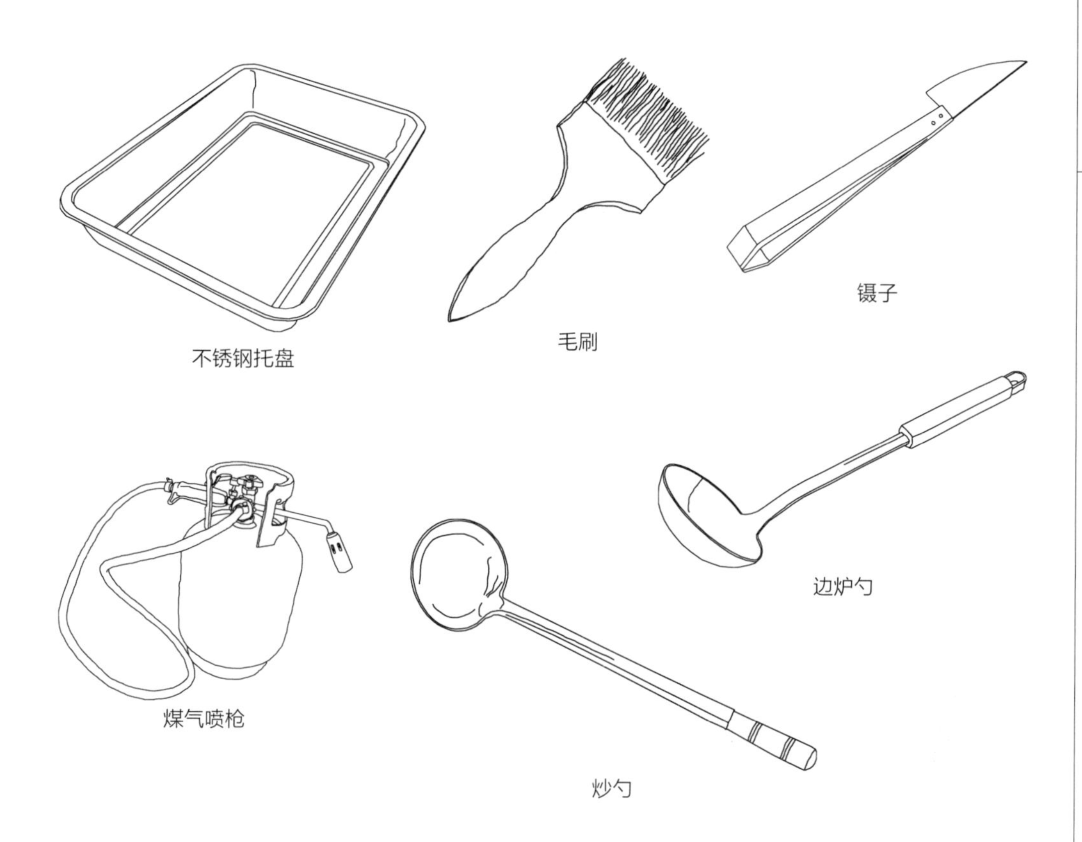

10. 毛刷

木制手柄的短毛刷，用于肉料加工时涂刷味料。

11. 镊子

不锈钢制，用于钳除三鸟残余体毛。

12. 煤气喷枪

接驳液化石油气用，一般用于烧去原料上残余的体毛，如猪毛及鹅毛等。

13. 炒勺

用于打卤膀，分量较为准确。

14. 边炉勺

用于给装盘成品淋卤。

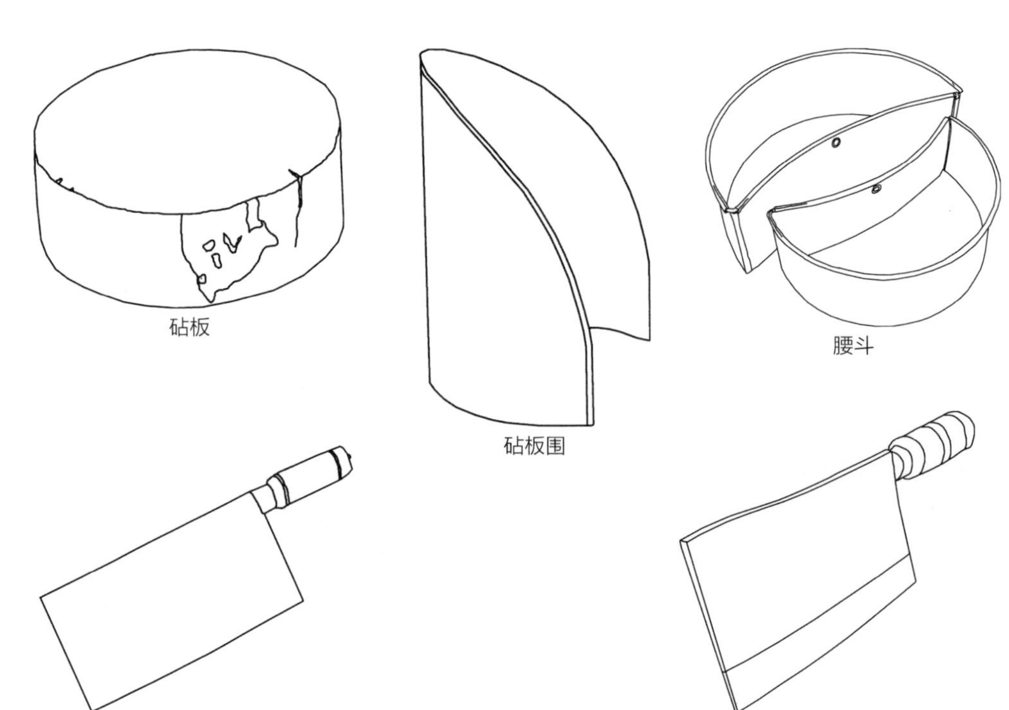

15. 砧板

一般为木质或塑料制，用于砍斩卤制完成的原料。

16. 砧板围

为不锈钢制，用于围护砧板，防止砍斩时熟料跳脱。

17. 腰斗

为腰子形不锈钢容器，置于砧板边，用于装盛废料、残渣。

18. 片刀

不锈钢制，用于熟料切片。

19. 砍刀

铁制，用于砍斩带骨熟料。

三、潮式卤水的调制及保管

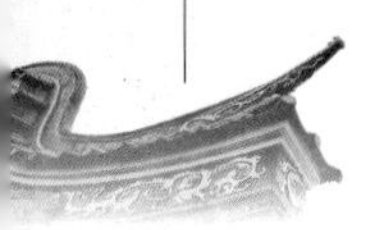

（一）潮式卤水调制

1. 潮式卤水类别

（1）按操作方法分

①现卤。现卤即现配现制的卤汁，卤汁一般不保留。

②套卤。卤汤一次次套用，每次酌情加调味料和汤水，用后入缸贮存，可套用多年。

（2）按卤水色泽分

①红卤。配卤使用酱油等深色调味品和香料，卤水色泽为红褐色，称为红卤。

红卤成品带酱色，分一般卤水、精卤水及潮汕卤水3种。一般卤水的主体是生抽和清水，比例取（5：5）~（7：3）。精卤水的主体是生抽，不加水或比例极少。潮汕卤水的主体是生抽和清水，生抽比例低，一般不超过25%，用老抽或珠油调色。潮汕卤水添加本地特产南姜，而且量较大，成品也就带南姜香气。

②白卤。白卤（或清卤）不加酱油及红曲（其他用料与红卤基本相同），制成的无酱色卤水称为白卤，也叫盐水。

白卤成品保持原料本色。白卤的主体是清水，不加酱油。

2. 潮式卤水调制

潮式卤水调制时要先起卤，起卤一般分三步。

（1）调色

用酱油给卤水调色，酱油是中国传统的调味品，色泽红褐，有独特的酱香味，滋味鲜美，能促进食欲，增加和改善菜肴的味道，还能增添或改变菜肴的色泽。

酱油一般分为老抽和生抽两种，生抽较咸，用于提鲜；老抽较淡，用于提色。老抽是天然食用色素在卤水中的基本运用。

酱油的红褐色与焦糖色素的颜色很相近，而且现代酱油在制作过程中也会加入适量焦糖色素去调色。用老抽和生抽混合后，再给卤制品上色调味，这样的卤制品在正常避开日光照射和冷藏，并且不再进行二次卤制加热的情况下，其色泽可保持1~3天，无明显的发黑现象，而且味道更鲜醇。

合理运用天然食用色素对卤味制品进行有效上色，使成品符合成菜要求，是另一种工艺技巧。

对卤鹅的调色，是先将着色物调入卤水锅里，然后观察卤水的颜色和卤制品的颜色是否符合成品要求。卤水调色的工艺流程和方法看似简单，但这些着色物在给卤制品上色时的化学反应过程相对复杂，它会随卤水的酸碱度、温度、卤制时间、光照等因素的变化而变化。

（2）调香

用香料包、植物包放入卤汤里熬制，使里面的复合香味溶入汤里。

（3）调味

每次卤制成品后，必须重新调校卤水味道（卤水的盐度正常值为7%~8%），增香加咸。调味品主要使用老抽、生抽、鱼露、精盐和冰糖。以“加色用老抽，增香用生抽，提鲜用鱼露，增咸用精盐，和甘用冰糖”为原则。判定卤水味道后，再确定相对应的调味。

3. 潮式卤味调制实例

（1）起卤

起卤配方明细表如下。

序号	名称	用量/克	备　注
1	八角	680	香料包
2	桂皮	680	
3	香叶	68	
4	甘草	68	
5	带皮蒜头	5000	植物包
6	南姜	6000	
7	原条红辣椒	500	
8	生抽	5750	调味料
9	老抽	2750	
10	冰糖	500	
11	精盐	275	
12	鱼露	275	

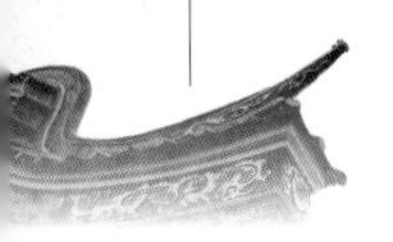

续表

序号	名称	用量/克	备 注
13	豆油	1000	其他
14	干葱	2000	
15	方膀	7500	
16	五花肉	7500	
17	清水	50000	

（2）卤水制作

①香料包。将1~4项原料用干净铁鼎慢火煸焙至香味溢出，放入干净器皿中，加入热油浸泡12小时，取油待用，香料包用纱布包裹，扎紧袋口。

②植物包。将5~7项原料洗净，南姜切片，连同干葱渣用纱布包裹，扎紧袋口。

③五花肉刮净皮毛，在肉面上剞纵、横纹，飞水洗净。

④方膀切块炼成猪油，干葱去膜衣，剁碎用猪油浸炸成干葱油，取油留渣，干葱渣加入植物包中。

⑤取一大不锈钢汤桶加清水及上述原料，旺火烧开后转慢火熬制1小时；再加入香料油、干葱油及8~12项调味料，继续中慢火熬制6小时；取出香料包及植物包（可用3次），捞去五花肉，过滤卤桶中的杂质，即成卤水。

（二）潮式卤水的保管

卤水使用及存放时间愈长，其香味及纯度愈高，应保持重复使用。卤制产品后，需将香料包及植物包捞起，清除卤桶泡沫杂质，再次烧沸，不能有水分渗入，以防变质。卤水上面的鹅油要保留，起到隔绝空气、防湿抗氧化作用，正常状况下，每天应过滤1次，清除卤水内部的杂质。

四、潮式卤味制作实例

（一）鹅

卤整鹅

名菜故事

潮汕人过年，最不能少的便是一道卤鹅。卤鹅是广东潮汕地区传统的特产名菜，属于潮菜系。潮汕地区选用当地优良品种——狮头鹅，以酱油、冰糖、桂皮、砂仁、白豆蔻、八角、南姜、加饭酒、蒜头、香菇等卤制而成。卤狮头鹅在潮汕已有很长的历史。狮头鹅是我国唯一的大型鹅种，是世界最大型鹅种之一，原产于广东饶平县浮滨镇。其肌肉丰厚，肉质优良。卤鹅的好味道源于特别的卤水，代代传承，十多种香料秘制而成的卤水，卤香四溢，极具风味。经典的卤鹅头、卤鹅肝、卤鹅掌、卤鹅翅再到卤鹅肉、卤鹅胗，将带你领略完美的潮汕卤鹅。

原材料

主副料 狮头鹅1只（约6000克），猪白肉250克，清水6000克

调味料 芫荽头50克，南姜150克，带皮蒜头50克，红辣椒50克，八角6克，桂皮10克，川椒10克，甘草6克，草果10克，小茴香10克，丁香2克，香芒50克，焦糖浆10克，酱油750克，精盐100克，冰糖50克，白酒50克，蒜泥醋2碟

工艺流程

1. 光鹅宰好，洗净晾干，用精盐100克抹在鹅身内外，并用一段竹筷挺在腹腔内。

2. 取纱布一块，将川椒粒下炒鼎炒香盛起，与八角、桂皮、甘草、草果、小茴香、丁香、香芒一起放在纱布中包扎成香料包。

3. 取卤水汤锅，加入焦糖浆、酱油、香料包、冰糖、南姜、带皮蒜头、红辣椒、白酒，并把猪白肉切成块放入，再加清水，将芫荽头、少量南姜放入光鹅腹内（卤熟时取掉），以中火把

烹调方法

卤法

风味特色

肉质肥美，浓郁醇香，肥而不腻

技术关键

1. 鹅卤之前需用精盐涂抹鹅身及腹腔进行腌制后冲净晾干。
2. 卤制过程要“吊汤”几次。

卤水烧沸，把鹅放入卤水汤锅后改慢火，大约煮1小时50分钟（中间要将卤鹅吊起离汤后再放下，反复4次），并注意把鹅身翻转数次，使其入味，然后捞起晾凉待用。

4 熟卤鹅切成厚片，淋上卤汁，使之湿润，跟配蒜泥醋2碟即可。

知识拓展

1. 卤鸡、卤鸭、卤鸽的制作程序跟卤鹅是一样的，只不过视原料的大小、老嫩来确定卤制的时间。
2. 卤熟的狮头鹅经过刀工处理后，与其他原料搭配，可以制作其他菜肴，如红焖鹅肉、干烧雁鹅等。

卤鹅头

名菜故事

潮汕卤鹅选用的狮头鹅有“世界鹅王”的美誉，其体形巨大，鹅头更以额颊肉瘤发达呈狮头状而著名，吃起来有特别的酯香。被公认为卤味极品的卤老狮头鹅头，每个比普通鹅头要大2~3倍，售价则要贵上10倍甚至20倍，一个1.75千克重的老鹅头往往要卖千元左右。这种鹅头最初是选用4年龄的退役种公鹅来卤制的，因为潮汕历来有“稚鸡硕鹅老鸭母”的俗谚，认为鹅要硕大才有好质感和好滋味。潮汕之卤狮头鹅头，充满贵族气质和美食精神，是当之无愧的“卤王”。

烹调方法

卤法

风味特色

浓香入味，卤汁飘香

原材料

主副料 狮头鹅头4只（约6000克），猪白肉250克，清水6000克

调味料 南姜150克，带皮蒜头50克，红辣椒50克，八角6克，桂皮10克，川椒粒10克，甘草6克，草果10克，小茴香10克，丁香2克，香芒50克，焦糖浆10克，酱油600克，老抽100克，冰糖50克，鹅油100克，白酒50克，芫荽25克，蒜泥醋2碟

工艺流程

1. 用镊子把鹅头上残留的毛处理干净，洗净晾干。
2. 取纱布一块，将川椒粒下炒鼎炒香盛起，与八角、桂皮、甘草、草果、小茴香、丁香、香芒一起放在纱布中包扎成香料包。
3. 取卤水汤锅，加入焦糖浆、酱油、老抽、香料包、冰糖、南姜、带皮蒜头、红辣椒、鹅油、白酒，并把猪白肉切成块放入，再加清水，用中火把卤水烧沸，放入鹅头，慢火卤至熟，整个过程大约需要1小时30分钟。
4. 卤制完成的鹅头晾干。将鹅头斩件后摆盘，放上芫荽，跟配蒜泥醋2碟即可。

技术关键

1. 整只鹅头的鹅毛要处理干净。
2. 卤制过程控制好火候。

知识拓展

卤熟的鹅头经过刀工处理后，与其他原料搭配，可以制作其他菜肴，如干烧鹅头等。

卤鹅脚

主副料 鹅脚10只（约1500克），猪白肉250克，清水3000克

调味料 南姜100克，蒜头25克，红辣椒25克，八角4克，桂皮6克，川椒粒6克，甘草4克，小茴香5克，焦糖浆5克，酱油400克，冰糖25克，白酒50克，芫荽25克，蒜泥醋2碟

名菜故事

狮头鹅肉质肥厚，等到肉入味之后，鹅脚往往会卤至太咸太干，所以鹅脚会事先剁下来单独卤煮的，味道、质感保持恰到好处。卤鹅脚的每一寸肉都富含胶质，筋道有弹性，软韧可口妙不可言。卤鹅脚是潮汕地区民间传统家庭美食，也是潮菜酒楼美味下酒菜之一，深受广大顾客喜爱。

烹调方法

卤法

风味特色

酱香浓郁，富含胶质

工艺流程

1 鹅脚外膜处理干净，用刷子把鹅脚洗刷干净，晾干。

2 取纱布一块，将川椒粒下炒鼎炒香盛起，与八角、桂皮、甘草、小茴香一起放在纱布中包扎成香料包。

3 取卤水汤锅，加入焦糖浆、酱油、香料包、冰糖、南姜、蒜头、红辣椒、白酒，并把猪白肉切成块放入，再加清水，烧开调味好的卤水后改慢火，放入鹅脚，先慢火卤15分钟，后熄火浸20分钟便成（老鹅脚除外），捞起晾凉待用。

4 鹅脚斩件或整只鹅脚上碟摆盘，放上芫荽，跟配蒜泥醋2碟即可。

技术关键

1. 鹅脚外膜要处理干净。
2. 卤制要小火，熄火后要再浸。

知识拓展

1. 卤鸡脚、卤鸭脚的制作程序跟卤鹅脚是一样的，只不过视原料的大小、老嫩来确定卤制的时间。
2. 卤熟的鹅脚经过刀工处理后，与其他原料搭配，可以制作其他菜肴，如红焖鹅脚、掌上明珠等。

卤鹅翅

名菜故事

潮汕地区喜爱卤味，卤鹅翅是潮菜酒楼作为下酒菜的必备菜品之一，也常用于制作卤味拼盘的原料。

烹调方法

卤法

风味特色

酱香浓郁，肉质鲜美

技术关键

卤制过程要采用浸卤，卤水不能过于沸腾。

知识拓展

1. 卤鸡翅、卤鸭翅的制作程序跟卤鹅翅是一样的，只不过视原料的大小、老嫩来确定卤制的时间。
2. 卤熟的鹅翅经过刀工处理后，与其他原料搭配，可以制作其他菜肴，如红焖鹅翅等。

原材料

主副料 鹅翅10只（约1500克），猪白肉250克，清水3000克

调味料 南姜100克，蒜头25克，红辣椒25克，八角4克，桂皮6克，川椒粒6克，甘草4克，小茴香5克，焦糖浆5克，酱油400克，冰糖25克，白酒50克，芫荽25克，蒜泥醋2碟

工艺流程

1. 用镊子把鹅翅上残留的毛处理干净，洗净晾干。
2. 取纱布一块，将川椒粒下炒鼎炒香盛起，与八角、桂皮、甘草、小茴香一起放在纱布中包扎成香料包。
3. 取卤水汤锅，加入焦糖浆、酱油、香料包、冰糖、南姜、蒜头、红辣椒、白酒，并把猪白肉切成块放入，再加清水，烧开调味好的卤水后改慢火，放入鹅翅，慢火卤至熟，整个过程大约需要35分钟（老鹅翅除外），捞起晾凉待用。
4. 鹅翅斩件摆盘，放上芫荽，跟配蒜泥醋2碟即可。

卤鹅肠

名菜故事

卤鹅肠，生脆而丰腴，咬起来卤汁四溅。每段鹅肠内壁都附着一条油脂，这是清洗时特意留下的，如果少了它，卤鹅肠的味道就会逊色很多。油脂不仅在咀嚼时起到了润滑的作用，更有利于分解鹅肠的紧实肌理。

烹调方法

卤法

风味特色

酱香鲜美，质感爽脆

知识拓展

1. 卤鸭肠的制作程序跟卤鹅肠是一样的。
2. 卤熟的鹅肠经过刀工处理后，与其他原料搭配，可以制作其他菜肴，如凉拌鹅肠、豉油王鹅肠等。

主副料 鹅肠500克，清水2000克

调味料 南姜100克，大蒜25克，红辣椒25克，八角4克，桂皮6克，川椒粒6克，甘草4克，猪油200克，酱油400克，老抽100克，冰糖10克，芫荽25克，蒜泥醋2碟

工艺流程

1. 鹅肠清洗干净，肠中油脂不要去除。
2. 取纱布一块，将川椒粒下炒鼎炒香盛起，与八角、桂皮、甘草一起放在纱布中包扎成香料包。
3. 取卤水汤锅，加入香料包、南姜、蒜头、红辣椒、猪油，再加清水，烧开改慢火，使原料出味，加入酱油、老抽、冰糖成卤汤。烧开卤汤后再放人鹅肠快速搅开，鹅肠变硬后就迅速捞起。
4. 鹅肠切段放于盘中，淋上卤汁，摆上芫荽，跟配蒜泥醋2碟即可。

技术关键

1. 鹅肠在清洗过程中不能把肠中油脂清理掉。
2. 控制好火候，如过火鹅肠则变韧。
3. 卤汤色泽要适当调深色。

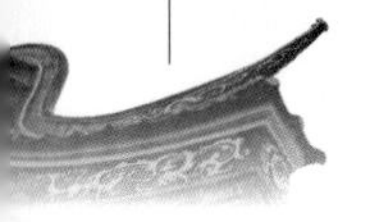

卤鹅肝

名菜故事

狮头鹅的成年公鹅大的超过15千克，是当之无愧的世界鹅王。潮汕人以狮头鹅为基础，形成了独特的卤菜文化，使潮菜的卤味名扬天下，其中就包括著名的卤鹅肝。与其他鹅肝产业通用的连续2~3周时间填饲强灌的喂养方式不同，潮汕的鹅肝生产采用的是一种自然人道的饲养方法。当地没有建立过专门饲养肥鹅肝的工厂，农民都将鹅圈养在水草丰饶的江边或池塘边。以这种方式饲养的家鹅，就像自然界的候鸟或某些贪吃的人类，在适当的季节或食物充足的时候，也会主动大肆进食，积聚能量，从而出现营养过剩的脂肪肝或肥肝。潮式鹅肝的传统吃法都是卤制。卤鹅肝香而不腻，其独特的风味，浸润了卤汁加上本身粉嫩的质感，入口即化，嫩滑美味，是搭配酒类的好食材。潮汕卤水赋予了卤鹅肝独特的风味，甘香十足，回味尤胜，入口即溶的绵滑质感与白醋的对撞更令人难以抗拒。

主副料 鹅肝4只（约1600克），清水2000克

调味料 南姜100克，蒜头25克，红辣椒25克，八角4克，桂皮6克，川椒粒6克，甘草4克，猪油200克，鹅油100克，酱油600克，精盐100克，芫荽25克，蒜泥醋2碟

工艺流程

1 鹅肝洗干净后晾干水分待用。

2 取纱布一块，将川椒粒下炒鼎炒香盛起，与八角、桂皮、甘草一起放在纱布中包扎成香料包。

3 取卤水汤锅，加入酱油、香料包、南姜、蒜头、红辣椒、精盐、猪油、鹅油，再加清水，烧开调味好的卤水后改慢火，放入鹅肝，慢火保持微滚，卤至熟，整个过程大约需要40分钟，将鹅肝捞起，浸入卤油中，随用随拿。

烹调方法

卤法

风味特色

软滑细腻，味道鲜香

技术关键

1. 因鹅肝卤制过程中卤水较浑浊，味道也较浓，卤水卤完后不能用来卤其他原料，应把它另外处理。
2. 卤熟的鹅肝应放在卤膀中存放。

4 熟鹅肝切成厚片，放于盘中，淋上卤汁，使之湿润，点缀芫荽，跟配蒜泥醋2碟即可。

知识拓展

1. 卤鸡肝、卤鸭肝的制作程序跟卤鹅肝是一样的，只不过视原料的大小、老嫩来确定卤制的时间。
2. 卤熟的鹅肝经过刀工处理后，与其他原料搭配，可以制作其他菜肴，如凉拌鹅肝、炒鹅肝、煎鹅肝等。

卤鹅血

原材料

主副料 鹅血1000克，清水2000克

调味料 八角4克，桂皮6克，川椒粒6克，甘草4克，芫荽头25克，南姜100克，蒜头25克，红辣椒25克，猪油200克，酱油500克，冰糖10克，芫荽25克，蒜泥醋2碟

名菜故事

鹅血，别名家雁血，性平味咸，具有开噎解毒的功效。地道卤鹅店才会沽鹅血，鹅血口感软滑，稍有弹牙感，火候老道。

烹调方法

卤法

风味特色

酱香鲜美，嫩滑无比

知识拓展

1. 卤鸭血的制作程序跟卤鹅血是一样的。
2. 卤熟的鹅血经过刀工处理后，与其他原料搭配，可以制作其他菜肴，如大蒜炒鹅血等。

工艺流程

1 先将鹅血浸熟。

2 取纱布一块，将川椒粒下炒鼎炒香盛起，与八角、桂皮、甘草一起放在纱布中包扎成香料包。

3 取卤水汤锅，加入香料包、南姜、蒜头、芫荽头、红辣椒、猪油，再加清水，烧开改慢火，使原料出味后加入酱油、冰糖成卤汤。放入熟鹅血，慢火卤浸5分钟使之入味。

4 捞出鹅血，切片装盘，淋上卤汁，摆上芫荽，跟配蒜泥醋2碟即可。

技术关键

浸熟鹅血时一定要用慢火，水保持微开，否则鹅血变成棉絮状，不嫩滑。

白卤鹅

名菜故事

饶平县上饶镇是一个客家人聚居的地方。上饶人春节餐桌上吃的是别具风味的白卤鹅，是最具当地特色的美食之一，相比卤鹅，白卤鹅多了一份鲜美。

烹调方法

卤法

风味特色

原汁原味，鲜甜可口

知识拓展

白卤鹅也可以跟配蒜头酱油。

技术关键

1. 选用1年龄本土鹅。
2. 鹅卤之前用盐涂抹后晾干。

原材料

主副料 本土鹅1只（约4000克，选1年鹅），洗净猪粉肠250克，五花肉条800克，清水6000克

调味料 精盐250克，姜片50克，蒜头20克，花椒10克，冰糖20克，料酒20克，米酒2克，小米椒5克，葱5克，生抽50克，食用油100克

工艺流程

1. 鹅肉洗净，锅置火上放入凉水，放鹅肉、料酒、少量的花椒飞水6分钟。捞起用水冲洗净。
2. 飞过水的鹅肉上擦点精盐，晾干。
3. 锅中放入清水，放姜片、花椒、精盐、冰糖，再放入猪粉肠、五花肉条卤熟后捞起，锅中的汤即为白卤水。
4. 晾干的鹅放入容器内，慢火卤制约70分钟，中途吊汤3次，用筷子插入鹅腿无血水流出肉即熟，捞起晾凉。
5. 将葱、姜片、蒜头、小米椒洗净切碎放入碗中，放盐，滴入几滴米酒拌匀，油烧至六成热时淋在上面。倒入生抽后用边炉勺舀起淋在切好的鹅肉上面即可。

卤鹅胗

名菜故事

鹅胗即鹅胃，形状扁圆，肉质紧密，紧韧耐嚼，滋味悠长，无油腻感，是老少皆喜爱的佳肴珍品。鹅胗是潮汕地区潮菜酒楼卤味拼盘常用原料之一，也是潮汕人日常早餐、夜宵配糜常用美食之一。

烹调方法

卤法

风味特色

味道醇香、爽脆

主副料 鹅胗5只（约1250克），清水2000克

调味料 南姜100克，蒜头25克，红辣椒25克，八角4克，桂皮6克，川椒粒6克，甘草4克，陈皮5克，猪油200克，酱油400克，精盐50克，芫荽25克，蒜泥醋2碟

工艺流程

1. 鹅胗用刀剖开，撕去内膜，洗净，晾干待用。
2. 取纱布一块，将川椒粒下炒鼎炒香盛起，与八角、桂皮、甘草、陈皮一起放在纱布中包扎成香料包。
3. 取卤水汤锅，加入酱油、香料包、南姜、蒜头、红辣椒、精盐、猪油，再加清水，烧开调味好的卤水后改慢火，放入鹅胗，慢火卤至熟，整个过程大约需要35分钟，鹅胗捞起晾凉。
4. 熟鹅胗修去硬筋、内皮后切成厚片，放于盘中，淋上卤汁，使之湿润，点缀芫荽，跟配蒜泥醋2碟即可。

技术关键

1. 鹅胗去净内膜，洗去异味。
2. 控制好火候及卤制时间。

知识拓展

1. 卤鸡胗、卤鸭胗的制作程序跟卤鹅胗是一样的，只不过视原料的大小、老嫩来确定卤制的时间。
2. 卤熟的鹅胗经过刀工处理后，与其他原料搭配，可以制作其他菜肴，如凉拌鹅胗；用生的鹅胗爆炒的菜质感脆爽且不油腻，如炒胗球；也可以油泡，如油泡胗球。

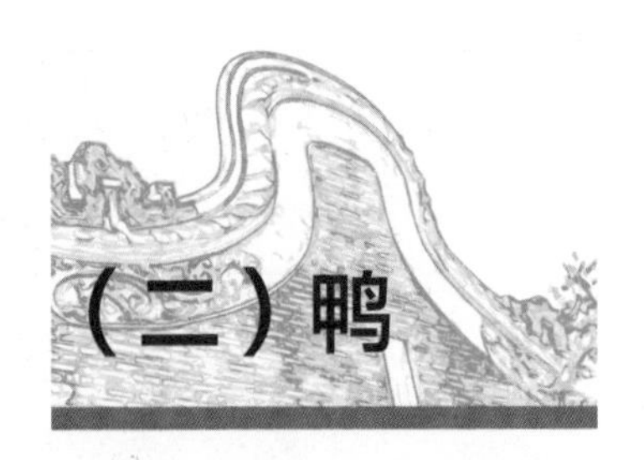

卤整鸭

名菜故事

卤鸭，是潮汕人对鸭一种很普遍、经常的烹饪方式，很有特色。无论游神赛会、祭祖拜神、节日或红白喜事，以至平常日食、宴客，常有卤鸭。北方烧鸭虽香，但较干韧，而潮汕的卤鸭，肉中含水较多，韧度适口，且有卤汤可淋。

烹调方法

卤法

风味特色

浓香入味，肉感鲜美

主副料 光鸭1只（约2000克），猪白肉250克，清水3000克

调味料 芫荽头25克，南姜100克，带皮蒜头25克，红辣椒25克，八角4克，桂皮6克，川椒粒6克，甘草4克，草果5克，小茴香5克，焦糖浆5克，酱油400克，精盐50克，白酒50克，冰糖25克，芫荽25克、蒜泥醋2碟

工艺流程

1 光鸭宰好，洗净晾干，用精盐50克抹在鸭身内外，并用一段竹筷挺在腹腔内。

2 取纱布一块，将川椒粒下炒鼎炒香盛起，与八角、桂皮、甘草、草果、小茴香一起放在纱布

技术关键

1. 光鸭卤之前需用精盐涂抹光鸭身及腹腔进行腌制。
2. 卤制过程要“吊汤”2次。

知识拓展

卤熟的鸭经过刀工处理后，与其他原料搭配，可以制作其他菜肴。

3 取卤水汤锅，加入焦糖浆、酱油、香料包、冰糖、南姜、带皮蒜头、红辣椒、白酒，并把猪白肉切块放入，再加清水，将芫荽头、少量南姜放入光鸭腹内（卤熟时取掉），用中火把卤水烧沸，再把光鸭放入卤水汤锅后改慢火，大约煮1小时（中间要将卤鸭吊起离汤后再放下，反复2次），并注意把鸭身翻转数次，使其入味，然后捞起晾凉待用。

4 熟卤鸭斩件后摆盘，淋上卤汁，使之湿润，放上芫荽，跟配蒜泥醋2碟即可。

白卤鸭

名菜故事

白卤，又称为“白切”，是潮汕菜系之一，海南人称之为“白斩”。一般是水煮，然后配制特殊酱料作为蘸料来吃。以清淡可口，不破坏原料原味为佳，最能体现食物“原汁原味”。

烹调方法

白卤法

风味特色

浓香入味，肉质鲜美

技术关键

1. 光鸭卤之前需用精盐涂抹光鸭身及腹腔进行腌制。
2. 卤制过程要“吊汤”2次。

知识拓展

卤鸭经过刀工处理后，与其他原料搭配，可以制作其他菜肴，如凉拌鸭肉等。

原材料

主副料 本土菜鸭1只（约2000克）、猪肚肉条800克，清水4000克

调味料 精盐150克，南姜100克，姜20克，蒜头20克，八角6克，川椒5克，冰糖20克，料酒20克，葱5克，酱油1碟

工艺流程

1. 鸭洗净，锅置火上放入凉水，放入鸭、姜、葱、料酒飞水6分钟，捞起用水冲净。再擦点精盐，晾干。
2. 锅中放入清水，放南姜、八角、川椒、蒜头、精盐、冰糖，放入猪肚肉条卤熟后捞起，锅中的汤即为白卤水。
3. 晾干的鸭放入烧开的白卤水，慢火卤制约40分钟，中途“吊汤”2次，用筷子插入鸭腿无血水流出即熟，捞起晾凉。
4. 熟卤鸭斩件后摆盘，跟配酱油即可。

卤鸭舌

名菜故事

鸭舌，鸭的舌头，可作食物原料，多用于制作凉菜、风味小食，老少皆宜。卤鸭舌在市面上常见，是佐酒佳品。卤鸭舌也是家常菜之一。

烹调方法

卤法

风味特色

咸香浓郁兼有辛辣，质感略带嚼头

技术关键

1. 鸭舌舌苔要清洗干净。
2. 控制好火候及卤制时间。

知识拓展

卤熟的鸭舌与其他原料搭配，可以制作其他菜肴，如凉拌鸭舌、炆鸭舌、蒜泥鸭舌等。

原材料

主副料 鸭舌500克，清水2000克

调味料 八角4克，桂皮6克，川椒粒6克，甘草4克，芫荽头25克，南姜100克，蒜头25克，小米椒10克，酱油500克，冰糖10克，猪油200克，芫荽15克，蒜泥醋2碟

工艺流程

1. 鸭舌去硬膜清洗干净待用。
2. 取纱布一块，将川椒粒下炒鼎炒香盛起，与八角、桂皮、甘草一起放在纱布中包扎成香料包。
3. 取卤水汤锅，加入香料包、南姜、蒜头、芫荽头、小米椒、猪油，再加清水，烧开改慢火，使原料出味加入酱油、冰糖成卤汤。放入鸭舌，慢火卤至熟，整个过程大约需要20分钟。
4. 捞出鸭舌，装盘，摆上芫荽，跟配蒜泥醋2碟即可。

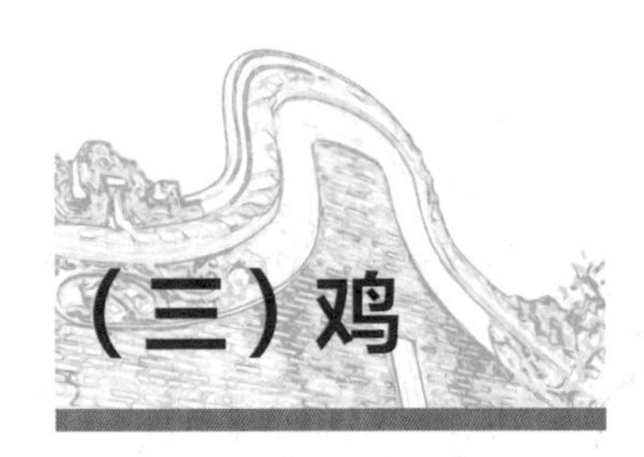

卤鸡

名菜故事

卤味可以说是最具潮汕地方风味特色菜肴之一。在一系列卤味中，卤鹅、卤鸭、卤鸡较为常见，几乎街头巷尾到处可见，真谓家喻户晓。潮汕人在接待客人时，总是忘不了上一盘卤味，就是在酒店中也如此，潮菜有“无卤味不成席”之说。

烹调方法

卤法

风味特色

肉质鲜美、嫩香

主副料 光嫩肥鸡1只（约1200克），清水2500克

调味料 芫荽头15克，南姜15克，蒜头15克，葱15克，红辣椒10克，八角4克，桂皮4克，川椒粒4克，甘草4克，香芒6克，白酒10克，鸡油100克，焦糖浆5克，酱油300克，精盐15克，芫荽20克，蒜泥醋2碟

工艺流程

1. 光鸡宰好，洗净晾干，用精盐15克抹在光鸡身内外，并用一段竹筷挺在腹腔内。
2. 取纱布一块，将川椒粒下炒鼎炒香盛起，与八角、桂皮、甘草、香芒一起放在纱布中包扎成香料包。
3. 取卤水汤锅，加入焦糖浆、酱油、香料包、南姜、蒜头、红辣椒、白酒、鸡油，再加入清

技术关键

1. 光鸡内脏去除干净，卤前先用精盐涂抹光鸡身内外。
2. 卤制过程采用浸卤，中途“吊汤”2次。

知识拓展

卤鸡的制作方法也适用于卤鸽子。

水，将芫荽头、葱、少量南姜放入光鸡腹内（卤熟时取掉），用中火把卤水烧沸，再把光鸡放入卤水汤锅后改慢火，大约浸卤30分钟，中途“吊汤”2次，并注意把鸡身翻转2次，使其入味，然后捞起放凉待用。

4 熟卤鸡斩件后摆原形装盘，淋上卤汁，使之湿润，放上芫荽，跟配蒜泥醋2碟即可。

白切鸡

名菜故事

白切鸡是潮汕地区非常出名的家常菜，又名“白斩鸡”，原汁原味，皮爽肉滑，大筵小席皆宜，深受食家青睐。

烹调方法

卤法

风味特色

皮爽肉滑、鲜甜可口

技术关键

卤制过程采用浸卤，中途“吊汤”2次。

知识拓展

白切鸡跟配的酱碟可以根据顾客需要而灵活跟配，也可以跟配姜葱丝油、酱油等。

原材料

主副料 光嫩肥鸡1只（约1200克），猪肚肉条800克，清水3000克

调味料 精盐150克，南姜50克，八角6克，川椒5克，冰糖20克，料酒20克，姜5克，葱5克，普宁豆酱2碟

工艺流程

1. 鸡洗净，再擦上精盐、料酒，然后把姜、葱塞进鸡腹内待用。
2. 锅中放入清水，放南姜、八角、川椒、精盐、冰糖，放入猪肚肉条卤熟后捞起，锅中的汤即为白卤水。
3. 将鸡放入烧开的白卤水，慢火卤制约30分钟，中途“吊汤”2次，用筷子插入鸡腿无血水流出即熟，捞起晾凉。
4. 熟卤鸡斩件后摆原形装盘，跟配普宁豆酱2碟即可。

卤鸡脚

名菜故事

鸡脚在美食家的菜谱上不叫鸡脚，而称为凤爪。潮汕地区擅长用卤水卤制鸡爪作为家常菜肴，卤鸡脚也是潮汕地区下酒料的首选之一。

烹调方法

卤法

风味特色

味道香辣，嚼劲十足

技术关键

1. 鸡脚上残留外膜要处理干净。
2. 卤制过程采用浸卤。

知识拓展

卤制后的鸡爪也可以制作成凉拌鸡爪、红焖鸡爪等。

主副料 鸡脚20只（约1200克），清水2500克

调味料 八角4克，桂皮4克，川椒粒6克，甘草4克，香叶6克，南姜15克，蒜头15克，葱15克，小米椒10克，白酒10克、，酱油300克，鸡油100克

工艺流程

1. 鸡脚上残留外膜撕干净，用刷子把鸡脚洗刷处理干净，晾干。
2. 取纱布一块，将川椒粒下炒鼎炒香盛起，与八角、桂皮、甘草、香叶一起放在纱布中包扎成香料包。
3. 取卤水汤锅，加入酱油、香料包、南姜、蒜头、葱、小米椒、白酒、鸡油，再加入清水，把卤水烧沸，再把鸡脚放入卤水汤锅后改慢火，大约浸卤30分钟，使其入味，然后捞起放凉待用。
4. 卤鸡脚剁去鸡甲，装盘即可。

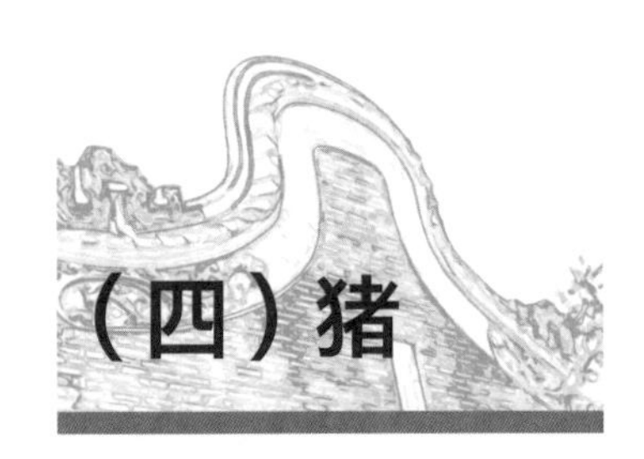

卤猪脚

名菜故事

广东潮汕隆江猪脚比较出名，得名于其原产地——揭阳，是当地特色招牌菜，以整只猪前脚为原材料，通过烧毛变黑，再擦洗干净，放入事先做好的一锅隆江猪脚卤汁中浸卤而成。

烹调方法

卤法

风味特色

肉味甘香，肥而不腻

主副料 猪脚1只（约1500克），清水2500克

调味料 芫荽头15克，南姜25克，蒜头15克，葱15克，红辣椒10克，八角4克，桂皮4克，川椒粒4克，甘草6克，香叶4克，焦糖浆5克，酱油400克，冰糖20克，芫荽20克，蒜泥醋2碟

工艺流程

1. 猪脚用煤气喷枪把毛烧干净，再用刷子洗刷干净。
2. 取纱布一块，将川椒粒下炒鼎炒香盛起，与八角、桂皮、甘草、香叶一起放在纱布中包扎成香料包。
3. 取卤水汤锅，加入焦糖浆、酱油、香料包、南姜、蒜头、芫荽头、葱、红辣椒、冰糖，再加入清水，用大火把卤水烧沸，再把猪脚放入卤水汤锅后改慢火，卤至软脸，使其入味，整个过程大约需要90分钟。
4. 卤熟猪脚捞起斩件后装盘，淋上卤汁，使之湿润，放上芫荽，跟配蒜泥醋2碟即可。

知识拓展

卤熟的猪脚经过刀工处理后，与其他蔬菜原料搭配，可以制作其他菜肴，如猪脚煲、焖猪脚等。

技术关键

1. 猪脚表皮污垢要清理干净，清洗要彻底。
2. 因猪脚胶质较多，卤时可卤烂一点。

卤五花肉

名菜故事

五花肉又称“三层肉”，位于猪的腹部，猪腹部脂肪组织很多。卤制出来的五花肉肥而不腻，入口软烂鲜香，而且香气四溢，非常诱人。

烹调方法

卤法

风味特色

酱香鲜美，肥而不腻

知识拓展

五花肉也可以跟其他蔬菜原料搭配，可以制作其他菜肴，如炒回锅肉、荷兰豆炒五花肉等。

技术关键

肉的成熟度以筷子能轻松插进肉条为准。

主副料 五花肉约1000克，清水2500克

调味料 芫荽头15克，南姜15克，蒜头25克，葱15克，红辣椒10克，八角4克，桂皮4克，川椒粒4克，甘草2克，酱油400克，冰糖20克，芫荽20克，蒜泥醋2碟

工艺流程

1 用煤气喷枪把五花肉上的毛烧干净，再用刷子洗刷干净后，用刀把五花肉切成二指宽的肉条待用。

2 取纱布一块，将川椒粒下炒鼎炒香盛起，与八角、桂皮、甘草一起放在纱布中包扎成香料包。

3 取卤水汤锅，加入酱油、香料包、南姜、蒜头、芫荽头、葱、红辣椒、冰糖，再加入清水，用大火把卤水烧沸，把五花肉放入卤水汤锅后改慢火，卤至软脸，使其入味，整个过程大约需要30分钟。

4 卤熟五花肉捞起切成0.8厘米厚片后装盘，淋上卤汁，使之湿润，放上芫荽，跟配蒜泥醋2碟即可。

卤猪头皮

名菜故事

卤猪头皮是一道家常菜肴，主要原料是猪头肉。制作简单，入口爽滑酥嫩。

烹调方法

卤法

风味特色

酱香入味，爽滑可口

知识拓展

卤熟的猪头皮经过刀工处理后，与其他蔬菜原料搭配，可以制作其他菜肴，如凉拌猪头皮、青椒炒猪头皮等。

技术关键

1. 猪头皮的猪毛要处理干净。
2. 掌握好火候，不能卤烂，刚熟就可，不然不脆，没有质感。

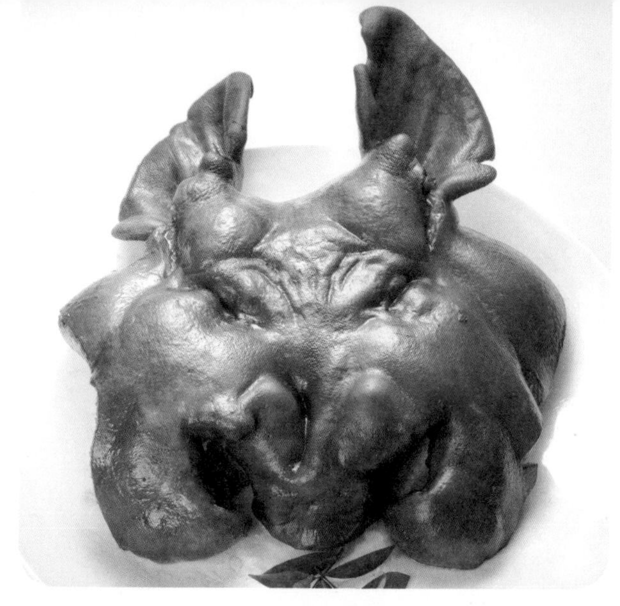

原材料

主副料 猪头皮约1000克，清水2500克

调味料 芫荽头15克，南姜15克，蒜头25克，葱15克，红辣椒10克，八角4克，桂皮4克，川椒粒4克，甘草2克，酱油400克，冰糖20克，芫荽20克，蒜泥醋2碟

工艺流程

1. 猪头皮用煤气喷枪把毛烧干净，再用刷子洗刷干净后待用。
2. 取纱布一块，将川椒粒下炒鼎炒香盛起，与八角、桂皮、甘草一起放在纱布中包扎成香料包。
3. 取卤水汤锅，加入酱油、香料包、南姜、蒜头、芫荽头、葱、红辣椒、冰糖，再加入清水，用大火把卤水烧沸，把猪头皮放入卤水汤锅后改慢火，卤至软脍，使其入味，整个过程大约需要40分钟。
4. 卤熟猪头皮捞起，将猪鼻和唇部分切出，片成薄片装盘成“卤猪唇”的菜品；头部切成条状装盘可成“卤猪头皮”的菜品，淋上卤汁，使之湿润，放上芫荽，跟配蒜泥醋2碟即可。

卤生肠

名菜故事

猪生肠多为母猪的输卵管部位，由于输卵管的形状与猪肠比较相似，而且又是负责生殖功能的部位，所以人们就把母猪的输卵管简单地称为生肠。

烹调方法

卤法

风味特色

色泽红润，质感爽脆

技术关键

1. 猪生肠清洗干净。
2. 猪生肠卤至刚熟即可，才能呈现爽脆的质感。

知识拓展

卤熟的生肠经过刀工处理后，与其他蔬菜原料搭配，可以制作其他菜肴，如生肠煲、大蒜炒生肠等。

主副料 猪生肠1000克，清水2500克

调味料 八角4克，桂皮4克，川椒粒4克，甘草2克，白胡椒4克，芫荽头15克，南姜15克，蒜头25克，姜10克，葱15克，红辣椒10克，料酒5克，酱油400克，冰糖10克，芫荽20克，蒜泥醋2碟

工艺流程

1 猪生肠洗干净，用姜、葱、料酒飞水，再用水漂凉，冲洗干净后待用。

2 取纱布一块，将川椒粒下炒鼎炒香盛起，与八角、桂皮、甘草一起放在纱布中包扎成香料包。

3 取卤水汤锅，加入酱油、香料包、白胡椒（打碎）、南姜、蒜头、芫荽头、葱、红辣椒、冰糖，再加入清水，用大火把卤水烧沸，把猪生肠放入卤水汤锅后改慢火，卤至刚熟，使其入味，整个过程大约需要20分钟。

4 捞出猪生肠，切段装盘，淋上卤汁，使之湿润，放上芫荽，跟配蒜泥醋2碟即可。

卤猪舌

名菜故事

卤猪舌是广东传统地方名吃，味道鲜咸香，卤猪舌嚼劲十足，是下酒好菜。

烹调方法

卤法

风味特色

质感爽脆，嚼劲十足

知识拓展

卤熟的猪舌经过刀工处理后，与其他蔬菜原料搭配，可以制作其他菜肴，如凉拌猪舌、大蒜炒猪舌等，卤猪舌也经常是卤味拼盘的原料。

技术关键

猪舌要用姜、葱、料酒飞水处理，舌苔一定要刮干净。

原材料

主副料 猪舌2条（约750克），清水2500克

调味料 芫荽头15克，南姜15克，蒜头25克，姜10克，葱15克，红辣椒10克，八角4克，桂皮4克，川椒粒4克，甘草2克，料酒5克，酱油300克，精盐100克，冰糖10克，芫荽20克，蒜泥醋2碟

工艺流程

1. 猪舌先用姜、葱、料酒飞水，捞起用小刀刮去舌苔后，洗净待用。
2. 取纱布一块，将川椒粒下炒鼎炒香盛起，与八角、桂皮、甘草一起放在纱布中包扎成香料包。
3. 取卤水汤锅，加入酱油、香料包、南姜、蒜头、芫荽头、葱、红辣椒、冰糖，再加入清水，用大火把卤水烧沸，把猪舌放入卤水汤锅后改慢火，卤至熟，整个过程大约需要40分钟。
4. 捞出猪舌，用刀修齐切片装盘，淋上卤汁，使之湿润，放上芫荽，跟配蒜泥醋2碟即可。

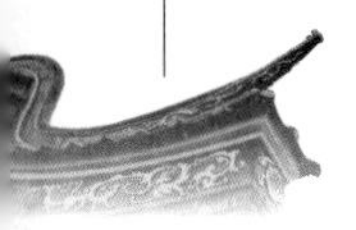

卤猪肠

名菜故事

猪肠也叫肥肠，是一种常见的内脏食材，猪肠有很强的韧性，还有适量的脂肪，肠头最为肥美。卤水猪肠要用肥厚的肠头，汁浓味厚，肥肠入口，既有牙齿与舌头的纠缠，又有味蕾与口腔的撕扯，那是一种藏在口内的惬意，其中妙处，无法言说。卤制的猪肠风味浓郁，入口软烂鲜香，是一道物美价廉的家常菜。

烹调方法

卤法

风味特色

香滑入味，风味独特

原材料

主副料 猪大肠约1000克，清水2500克

调味料 芫荽头15克，南姜15克，蒜头25克，姜10克，葱15克，红辣椒10克，八角4克，桂皮4克，川椒粒4克，甘草2克，白胡椒4克，料酒适量，酱油400克，冰糖10克，芫荽20克，蒜泥醋2碟

工艺流程

1 先把猪大肠里面翻转到外面，去掉多余的油脂，用生粉或粗盐里外抓一下，后用清水冲洗，这样反复多次，直到去掉黏液，使腥味减轻。洗好的猪大肠下炒鼎加水，用姜、葱、料酒慢火煮10分钟，捞起再用水漂凉，冲洗干净后待用。

2 取纱布一块，将川椒粒下炒鼎炒香盛起，与八角、桂皮、甘草一起放在纱布中包扎成香料包。

知识拓展

卤熟的猪大肠经过刀工处理后，与其他蔬菜原料搭配，可以制作其他菜肴，如猪大肠煲、大蒜炒猪大肠等。

3 取卤水汤锅，加入酱油、香料包、白胡椒（打碎）、南姜、蒜头、芫荽头、葱、红辣椒、冰糖，再加入清水，用大火把卤水烧沸，把猪大肠放入卤水汤锅后改慢火，卤至软脸，使其入味，整个过程大约需要30分钟。

4 捞出猪大肠，切段装盘，淋上卤汁，使之湿润，放上芫荽，跟配蒜泥醋2碟即可。

技术关键

1. 因猪大肠味道较重，卤水卤完后不能用来卤其他原料，应另外处理。
2. 卤制时香料不能放重。

卤脱骨猪脚（扎蹄）

名菜故事

猪扎蹄是用猪脚开皮，抽去脚筋和骨，再用腌制好的猪瘦肉塞在猪脚皮内，用水草包扎后放入卤水中慢火煮浸。由于是用水草扎着后卤制，所以名叫“猪扎蹄”。此菜，色泽靓丽，香味浓郁，味咸鲜，肉肥糯，非常美味，是家宴可选的美味佳肴之一。

烹调方法

卤法

风味特色

味道甘香鲜美

原材料

主副料 猪前脚1只（约1000克），猪瘦肉400克，清水3000克

调味料 八角4克，桂皮4克，川椒粒4克，甘草6克，香叶4克，芫荽头15克，南姜25克，蒜头15克，葱15克，姜10克，料酒5克，红辣椒20克，焦糖浆5克，酱油400克，精盐20克，冰糖20克，芫荽20克，蒜泥醋2碟

工艺流程

1 猪前脚用煤气喷枪把毛烧干净，再用刷子洗刷干净。用刀剖开猪脚皮，取出猪脚骨，并使猪脚保持原形。将猪瘦肉切成大方粒后，加入精盐、姜、葱、料酒腌制待用。

2 将腌制好的肉塞进处理过的猪脚中间，包起后用水草扎紧就成猪扎蹄。

3 取纱布一块，将川椒粒下炒鼎炒香盛起，与八角、桂皮、甘草、香叶一起放在纱布中包扎成香料包。

知识拓展

卤熟的猪扎蹄经过刀工切片后经常用于潮式卤味拼盘，与其他调料搭配，可以制作其他菜肴，如凉拌猪扎蹄等。

4 取卤水汤锅，加入焦糖浆、酱油、香料包、南姜、蒜头、芫荽头、葱、红辣椒、冰糖，再加入清水，用大火把卤水烧沸，把猪扎蹄放入卤水汤锅后改慢火，卤至软脸，使其入味，整个过程大约需要1小时20分钟。捞起卤熟猪扎蹄，放冷后去掉水草晾干。

5 卤熟猪扎蹄竖切成两半，然后横切成厚片装盘，放上芫荽，跟配蒜泥醋2碟即可。

技术关键

1. 猪脚表皮污垢要清理干净，清洗要彻底。
2. 因猪脚胶质较多，卤时可卤烂一点。

卤猪肚

名菜故事

猪肚为补脾胃之要品，故补中益气的食疗方多用之。潮汕卤水选用猪肚为食材，辛香味重，香气扑鼻，回味无穷。

烹调方法

卤法

风味特色

香滑入味，风味爽滑

原材料

主副料 猪肚约1000克，清水2500克

调味料 芫荽头15克，南姜15克，蒜头25克，姜10克，葱15克，红辣椒10克，八角4克，桂皮4克，川椒粒4克，甘草2克，白胡椒4克，料酒适量，酱油300克，精盐100克，冰糖10克，芫荽20克，蒜泥醋2碟

工艺流程

1 先把猪肚里面翻转到外面，去掉多余的油脂，用生粉或粗盐里外抓一下，后用清水冲洗，这样反复多次，直到去掉黏液，使腥味减轻。洗好的猪肚下炒鼎加水，用姜、葱、料酒慢火煮10分钟，再用水漂凉，冲洗干净后待用。

2 取纱布一块，将川椒粒下炒鼎炒香盛起，与八角、桂皮、甘草一起放在纱布中包扎成香料包。

知识拓展

1. 卤金钱肚（牛胃）的做法是一样的，不过要先进行预制。
2. 卤熟的猪肚经过刀工处理后，与其他蔬菜原料搭配，可以制作其他菜肴，如凉拌猪肚、辣椒炒猪肚等。

3 取卤水汤锅，加入酱油、香料包、白胡椒（打碎）、南姜、蒜头、芫荽头、葱、红辣椒、冰糖，再加入清水，用大火把卤水烧沸，把猪肚放入卤水汤锅后改慢火，卤至筷子刚好能插进猪肚就好了，整个过程大约需要30分钟。

4 捞出猪肚，切片装盘，淋上卤汁，使之湿润，放上芫荽，跟配蒜泥醋2碟即可。

技术关键

1. 猪肚异味要清洗干净。
2. 猪肚不能卤烂，不然影响它的质感。
3. 卤制时香料不能放重。

樟林卤猪脚饭

名菜故事

樟林卤猪脚是广东传统的汉族小吃，属于粤菜系。入口软烂无渣、肥而不腻、香气四溢、胶绵而不粘牙。选料方面，猪脚的卤制过程是在陈年老卤汤的基础上，酌量加入上好的酱油、冰糖、八角、桂皮、小茴香、蒜头等原料，猛火煮开后放入猪脚，半个小时后改用小火熬煮，约3个小时整个猪脚香汁渗透、皮肉软烂，即可熄火。待卤汤冷却后捞去上层凝结的猪油，然后装入砂锅，一般每一个砂锅装4只猪脚，再用保鲜膜覆盖砂锅口后置于冰柜冷藏结冻即成。

烹调方法

卤法

风味特色

酱香浓郁，软糯可口，肥而不腻

原材料

主副料 猪脚1只（约1500克），清水2500克

调味料 八角4克，桂皮10克，川椒粒10克，甘草6克，小茴香6克，草果6克，香叶4克，芫荽头15克，南姜25克，蒜头15克，姜10克，葱10克，白酒10克，红辣椒10克，焦糖浆5克，酱油300克，精盐50克，鱼露10克，冰糖40克，料酒适量

工艺流程

1. 猪脚用煤气喷枪把毛烧干净，再用刷子洗刷干净。整只猪脚对半剁开，取出脚大骨，开火烧水，待水沸后放入姜、葱、料酒，再放猪脚飞水，然后迅速捞起放入水中冷却后再次洗净待用。
2. 取纱布一块，将川椒粒下炒鼎炒香盛起，与八角、桂皮、甘草、小茴香、草果、香叶一起放在纱布中包扎成香料包。
3. 取卤水汤锅，下猪脚，加入芫荽头、南姜、蒜头、红辣椒、焦糖浆、酱油、香料包、冰糖、精盐、鱼露，再加入清水淹过猪脚。上炉开猛火，待卤汤烧沸，持续半小时。改为慢火，加入白酒，再炖2小时30分钟关火，放炉上静置30分钟。
4. 把卤熟猪脚捞起放在砧板上斩件后装盘，淋上卤汁，使之湿润，与米饭搭配即可。

知识拓展

卤熟的猪脚经过刀工改块处理后，与米饭搭配，即为樟林猪脚饭。

技术关键

1. 猪脚表皮污垢要清理干净，清洗要彻底。
2. 猪脚卤后关火再放炉上静置30分钟。

卤猪粉肠

名菜故事

猪粉肠用途广泛，既可直接做成美食，也可除去肠内外各种不需要的组织，经过加工制成肠衣，肠衣是灌制各种香肠的好材料。

烹调方法

卤法

风味特色

色泽光亮，质地绵软，质感粉嫩

知识拓展

卤熟的猪粉肠经过刀工处理后，与其他蔬菜原料搭配，可以制作其他菜肴，如猪粉肠煲、青椒炒猪粉肠等。

技术关键

1. 猪粉肠不能卤烂，不然影响质感。
2. 卤制猪粉肠要注意香料的用量不宜过多。

主副料 猪粉肠1000克，清水2500克

调味料 八角4克，桂皮4克，川椒粒4克，甘草2克，白胡椒4克，芫荽头15克，南姜15克，蒜头25克，葱15克，姜10克，红辣椒10克，酱油400克，冰糖10克，芫荽20克，蒜泥醋2碟

工艺流程

1 猪粉肠洗干净，下炒鼎加水，用姜、葱、料酒飞水，再用水漂凉，冲洗干净后待用。

2 取纱布一块，将川椒粒下炒鼎炒香盛起，与八角、桂皮、甘草一起放在纱布中包扎成香料包。

3 取卤水汤锅，加入酱油、香料包、白胡椒（打碎）、南姜、蒜头、芫荽头、葱、红辣椒、冰糖，再加入清水，用大火把卤水烧沸，改慢火再把猪粉肠放入卤水汤锅，卤至筷子能刚好插入就好，整个过程大约需要30分钟。

4 捞出猪粉肠，切段装盘，淋上卤汁，使之湿润，放上芫荽，跟配蒜泥醋2碟即可。

卤猪皮

名菜故事

猪皮味甘、性凉，有滋阴补虚、清热利咽的功效。猪皮还含有极丰富的胶原蛋白，有促进生长发育、延缓人体衰老之功效。故经常食用猪皮或猪蹄有延缓衰老的作用。卤猪皮，是潮汕地区百姓常用家常菜之一。

烹调方法

卤法

风味特色

富含胶质，质感弹牙

知识拓展

卤熟的猪皮经过刀工处理后，与其他蔬菜原料搭配，可以制作其他菜肴，如猪皮煲、凉拌猪皮等。

技术关键

1. 因猪皮胶质较多，卤时可卤烂一点。
2. 猪皮一般要选用皮厚一点的，猪毛必须刮除干净。

原材料

主副料 猪皮（约1000克），清水2500克

调味料 八角4克，桂皮4克，川椒粒4克，甘草2克，芫荽头15克，南姜15克，蒜头25克，葱15克，红辣椒10克，酱油400克，冰糖10克，白酒10克，芫荽20克，蒜泥醋2碟

工艺流程

1 猪皮用煤气喷枪把毛烧干净，再用刷子洗刷干净后待用。

2 取纱布一块，将川椒粒下炒鼎炒香盛起，与八角、桂皮、甘草一起放在纱布中包扎成香料包。

3 取卤水汤锅，加入酱油、香料包、南姜、蒜头、芫荽头、葱、红辣椒、冰糖、白酒，再加入清水，用大火把卤水烧沸，把猪皮放入卤水汤锅后改慢火，卤至软脸，整个过程大约需要20分钟。

4 捞出猪皮，改块装盘，淋上卤汁，使之湿润，放上芫荽，跟配蒜泥醋2碟即可。

（五）牛、羊

卤五香牛肉

名菜故事

卤五香牛肉是一道采用传统五香制法的传统名菜，制作原料主要有牛肉、甘草、陈皮等，用卤的方法处理出来的牛肉，煮熟后，颜色棕黄，表面有光泽，不磣牙，酱香味浓，可口。

烹调方法

卤法

风味特色

色泽棕黄，浓香入味

知识拓展

卤熟的牛肉经过刀工处理后，与其他调料搭配，可以制作其他菜肴，如凉拌牛肉等。

技术关键

1. 牛肉需进行飞水处理。
2. 卤制过程要采用浸卤。

原材料

主副料 牛腿肉1200克，清水2500克

调味料 八角10克，桂皮10克，川椒15克，小茴香15克，白豆蔻10克，陈皮10克，香叶10克，丁香5克，甘草10克，芫荽头15克，南姜200克，带皮蒜头200克，姜10克，葱10克，料酒10克，红辣椒20克，酱油300克，精盐100克，冰糖10克，南姜醋2碟

工艺流程

1. 牛腿肉先改刀切开，用姜、葱、料酒飞水，捞起清洗干净待用。
2. 取纱布一块，将川椒粒下炒鼎炒香盛起，与八角、桂皮、小茴香、白豆蔻、甘草、香叶、陈皮、丁香一起放在纱布中包扎成香料包。
3. 取卤水汤锅，加入酱油、香料包、南姜、带皮蒜头、红辣椒、精盐、冰糖、芫荽头，再加入清水，用大火把卤水烧沸，把牛腿肉放入卤水汤锅后改慢火，大约浸卤1小时30分钟，使其入味，然后捞起晾干待用。
4. 把卤熟牛腿肉切片装盘，跟配南姜醋2碟即可。

卤牛脚趾

名菜故事

卤牛脚趾是潮汕地区常用的一道家常菜，是采用传统的五香制法的传统菜，制作原料主要有牛脚趾肉、甘草、陈皮等，用卤的方法处理出来的牛肉，煮熟后，颜色棕黄，表面有光泽，无糊焦，不碜牙，酱香味浓，弹牙可口。卤牛脚趾肉可改善筋骨酸软、补充失血、修复组织等，寒冬食牛肉可暖胃，是该季节的补益佳品。

烹调方法

卤法

风味特色

色泽棕黄，浓香入味

知识拓展

卤熟的牛脚趾经过刀工处理后，与其他调料搭配，可以制作其他菜肴，如凉拌牛脚趾等。

技术关键

1. 牛脚趾要飞水处理。
2. 卤制过程要采用浸卤。

原材料

主副料 牛脚趾1200克，清水2500克

调味料 八角10克，桂皮10克，川椒粒15克，小茴香15克，白豆蔻10克，陈皮10克，香叶10克，丁香5克，甘草10克，芫荽头15克，南姜200克，带皮蒜头200克，姜10克，葱10克，料酒10克，红辣椒20克，酱油300克，精盐100克，冰糖10克，南姜醋2碟

工艺流程

1. 牛脚趾用姜、葱、料酒飞水，捞起清洗干净待用。
2. 取纱布一块，将川椒粒下炒鼎炒香盛起，与八角、桂皮、小茴香、白豆蔻、甘草、香叶、陈皮、丁香一起放在纱布中包扎成香料包。
3. 取卤水汤锅，加入酱油、香料包、南姜、带皮蒜头、红辣椒、芫荽头、精盐、冰糖，再加入清水，用大火把卤水烧沸，把牛脚趾放入卤水汤锅烧沸后改慢火，大约浸卤2小时，使其入味，然后捞起晾干待用。
4. 把卤熟牛脚趾切片装盘，跟配南姜醋2碟即可。

卤牛舌

名菜故事

卤牛舌是广东传统地方名吃，味道鲜咸香，卤牛舌嚼劲十足，是下酒好菜。食用牛舌可以有效地补充身体所需要的蛋白质，还可以强健筋骨，对年纪大的人来说是个不错的选择。

烹调方法

卤法

风味特色

肉质爽脆，嚼劲十足

知识拓展

卤熟的牛舌经过刀工处理后，与其他蔬菜原料搭配，可以制作其他菜肴，如凉拌牛舌、大蒜炒牛舌等，卤牛舌也经常是卤味拼盘的原料。

技术关键

1. 牛舌要用姜、葱、酒飞水处理，舌苔一定要刮干净。
2. 卤制火候要足够。

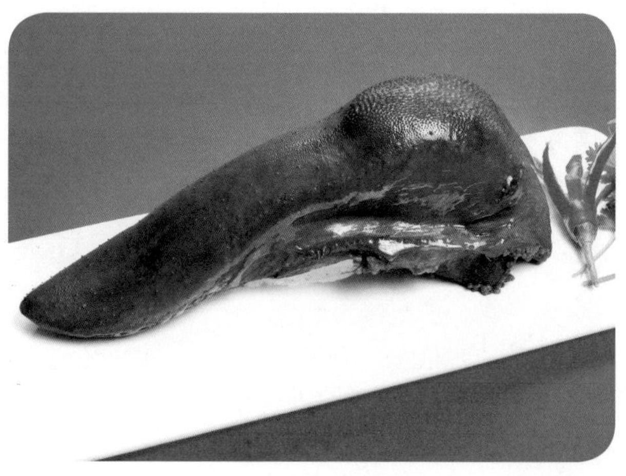

原材料

 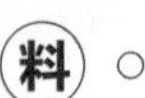

主副料 牛舌2条（约1000克），清水2500克

调味料 八角10克，桂皮10克，川椒粒15克，小茴香15克，白豆蔻10克，陈皮10克，香叶10克，丁香5克，甘草10克，芫荽头15克，南姜200克，带皮蒜头200克，姜10克，葱10克，料酒10克，红辣椒20克，酱油300克，精盐100克，冰糖10克，南姜醋2碟

工艺流程

1. 牛舌先用姜、葱、料酒飞水，捞起用小刀刮去舌苔后，洗净待用。
2. 取纱布一块，将川椒粒下炒鼎炒香盛起，与八角、桂皮、小茴香、白豆蔻、甘草、香叶、陈皮、丁香一起放在纱布中包扎成香料包。
3. 取卤水汤锅，加入酱油、香料包、南姜、带皮蒜头、红辣椒、芫荽头、精盐、冰糖，再加入清水，用大火把卤水烧沸，把牛舌放入卤水汤锅烧沸后改慢火，大约浸卤1小时20分钟，使其入味，然后捞起晾干待用。
4. 卤熟牛舌切片装盘，跟配南姜醋2碟即可。

卤牛尾

名菜故事

牛尾巴由皮质和骨节组成，皮多胶质重，多用烧、卤、酱、凉拌等烹调方法。

烹调方法

卤法

风味特色

柔韧爽脆，味道鲜香不腻，且富含胶质

知识拓展

卤熟的牛尾经过刀工处理后，与其他蔬菜原料搭配，可以制作其他菜肴，如牛尾煲、红焖牛尾等。

技术关键

牛尾胶质较多，可卤烂一点。

原材料

主副料 牛尾1200克，清水2500克

调味料 八角10克，桂皮10克，川椒粒15克，小茴香15克，白豆蔻10克，陈皮10克，香叶10克，丁香5克，甘草10克，芫荽头15克，南姜200克，带皮蒜头200克，姜10克，葱10克，料酒10克，红辣椒20克，酱油300克，精盐100克，冰糖10克，南姜醋2碟

工艺流程

1. 牛尾用煤气喷枪把毛烧干净，再用姜、葱、料酒飞水，捞起清洗干净待用。
2. 取纱布一块，将川椒粒下炒鼎炒香盛起，与八角、桂皮、小茴香、白豆蔻、甘草、香叶、陈皮、丁香一起放在纱布中包扎成香料包。
3. 取卤水汤锅，加入酱油、香料包、南姜、带皮蒜头、红辣椒、芫荽头、精盐、冰糖，再加入清水，用大火把卤水烧沸，把牛尾放入卤水汤锅烧沸后改慢火，大约浸卤1小时40分钟，使其入味，然后捞起晾干待用。
4. 把卤熟牛尾剁件装盘，跟配南姜醋2碟即可。

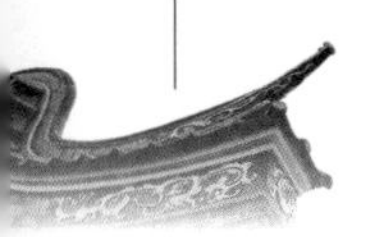

卤牛脚筋

名菜故事

因牛脚筋质地坚韧，适合用卤的烹调方法进行烹制，卤牛脚筋是潮汕地区常用的一道菜肴，是采用八角、桂皮等调料调制卤水卤制而成。

烹调方法

卤法

风味特色

香味浓郁，富含胶质，嚼劲十足

知识拓展

卤熟的牛脚筋经过刀工处理后，与其他蔬菜原料搭配，可以制作其他菜肴，如牛脚筋煲、红焖牛脚筋等。

技术关键

牛脚筋胶质较多，可卤烂一点。

原材料

主副料 牛脚筋1200克，清水2500克

调味料 八角10克，桂皮10克，川椒15克，小茴香15克，白豆蔻10克，陈皮10克，香叶10克，丁香5克，甘草10克，芫荽头15克，南姜200克，带皮蒜头200克，姜10克，葱10克，料酒10克，红辣椒20克，酱油300克，精盐100克，冰糖10克，南姜醋2碟

工艺流程

1 牛脚筋用姜、葱、料酒飞水，捞起清洗干净待用。

2 取纱布一块，将川椒粒下炒鼎炒香盛起，与八角、桂皮、小茴香、白豆蔻、甘草、香叶、陈皮、丁香一起放在纱布中包扎成香料包。

3 取卤水汤锅，加入酱油、香料包、南姜、带皮蒜头、红辣椒、芫荽头、精盐、冰糖，再加入清水，用大火把卤水烧沸，把牛脚筋放入卤水汤锅烧沸后改慢火，大约浸卤2小时30分钟，使其入味，然后捞起晾干待用。

4 卤熟牛脚筋切片装盘，跟配南姜醋2碟即可。

卤金钱肚（牛胃）

名菜故事

金钱肚也是潮汕卤水中不可缺少的一道美味。金钱肚经过卤水的浸润，味道香浓，嚼起来会呈现又柔软又劲道又容易嚼烂的效果，真是美妙。

烹调方法

卤法

风味特色

咸香浓郁，质感爽脆，嚼劲十足

知识拓展

卤熟的金钱肚与其他原料搭配，可以制作其他菜肴。

原材料

主副料 金钱肚（牛胃）1000克

调味料 蒜泥醋2碟、调制好的卤水、香料包（参照起卤配方）1包、植物包（参照起卤配方）1包

工艺流程

1 金钱肚（牛胃）清洗干净，飞水后用清水洗干净。

2 烧开调味好的卤汤，加入植物包、香料包，放入金钱肚（牛胃），慢火卤熟，以筷子能轻松插入为准，整个过程大约需要1小时40分钟。

3 捞出金钱肚（牛胃），切片装盘，跟配蒜泥醋2碟即可。

技术关键

1. 金钱肚（牛胃）要清洗干净，去除腥膻味。
2. 金钱肚（牛胃）膻味重，要另用卤锅单独卤。

卤羊肉排

名菜故事

羊肉有羊膻味，羊肉采用潮汕卤水卤制，能够去其膻气而又可保持其风味。

烹调方法

卤法

风味特色

咸香浓郁，质感软嫩

技术关键

1. 羊肉排的毛要烧干净。
2. 卤制过程要采用浸卤。

知识拓展

羊肉性温热，常吃容易上火，暑热天或发热病人慎食之。

原材料

主副料 羊肉排1000克，清水2500克

调味料 八角10克，桂皮10克，川椒粒15克，小茴香15克，香芒10克，陈皮10克，香叶10克，丁香5克，甘草10克，南姜200克，干葱200克，带皮蒜头200克，姜10克，葱10克，料酒10克，红辣椒10克，焦糖浆10克，酱油300克，精盐100克，冰糖10克，南姜醋2碟

工艺流程

1 用煤气喷枪把羊肉排皮上的毛烧干净，再用姜、葱、料酒飞水，捞起清洗干净待用。

2 取纱布一块，将川椒粒下炒鼎炒香盛起，与八角、桂皮、小茴香、香芒、甘草、香叶、陈皮、丁香一起放在纱布中包扎成香料包。

3 取卤水汤锅，加入焦糖浆、酱油、香料包、南姜、带皮蒜头、干葱、红辣椒、精盐、冰糖，再加入清水，用大火把卤水烧沸，把羊肉排放入卤水汤锅烧沸后改慢火，大约浸卤2小时，然后捞起晾干待用。

4 卤熟羊肉排斩件装盘，跟配南姜醋2碟即可。

卤鲫鱼

名菜故事

鲫鱼是潮汕地区家常菜肴原料。卤鲫鱼是潮汕地区一道特色家常菜，深受百姓的喜爱。

烹调方法

卤法

风味特色

咸香浓郁，兼有辛辣

知识拓展

鲫鱼有多种烹调方法，如清蒸鲫鱼、冬瓜薏米炖鲫鱼等。

主副料 新鲜鲫鱼4条（约1000克），清水1500克

调味料 八角5克，桂皮3克，川椒粒3克，香叶2克，小茴香2克，丁香1克，南姜20克，带皮蒜头50克，干辣椒10克，姜10克，葱10克，精盐20克，料酒10克，生抽300克，老抽50克

工艺流程

1. 鲫鱼去鳃、内脏留卵子洗净，用姜、葱、精盐、料酒腌制20分钟备用。
2. 取纱布一块，将川椒粒下炒鼎炒香盛起，与八角、桂皮、香叶、小茴香、丁香一起放在纱布中包扎成香料包。
3. 将生抽、老抽、香料包、南姜、干辣椒、带皮蒜头、清水一起放入锅中，烧开，舀去浮沫，煮成卤汁。放入已腌制好的鲫鱼改慢火，用慢火卤25分钟至熟，捞起，冷却。
4. 卤好鲫鱼斩件装盘即可。

技术关键

1. 鲫鱼先腌制。
2. 卤制后要待冷却再斩件。

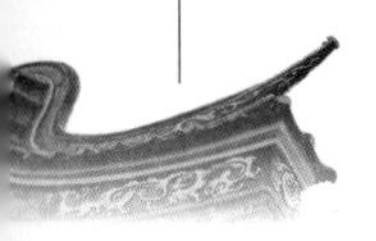

卤鲮箭鱼

名菜故事

鲮箭鱼肉质比较紧实，多刺，鱼味鲜甜而营养成分较高，是潮汕地区家常菜肴之一，深受百姓喜爱。

烹调方法

卤法

风味特色

卤香入味，鱼肉鲜香

知识拓展

鲮箭鱼通过蒸熟、晒成鱼干，在潮汕民俗“出花园”之中，经常作为三牲供品之一。

技术关键

1. 鲮箭鱼要炸制成金黄色。
2. 卤制后要待冷却再斩件。

原材料

主副料 鲮箭鱼2条（约1200克），猪肚肉条250克，清水2500克

调味料 八角4克，桂皮6克，川椒粒6克，甘草4克，小茴香5克，陈皮5克，芫荽头25克，南姜50克，蒜头25克，红辣椒25克，酱油300克，冰糖20克，香豉20克，白酒20克，酸菜丝适量

工艺流程

1 鲮箭鱼去鳞开腹，去除内脏洗净，烧鼎下油将鳞箭鱼炸至金黄色。猪肚肉条、香豉和蒜头也下锅炸过备用。

2 取纱布一块，将川椒粒下炒鼎炒香盛起，与八角、桂皮、甘草、小茴香、陈皮一起放在纱布中包扎成香料包。

3 取卤水汤锅，加入酱油、芫荽头、香料包、冰糖、南姜、红辣椒、白酒，并把炸过猪肚肉条放入，再加入清水，烧开后改为中火烧30分钟，使香味渗出后舀去浮沫，煮成卤汁，再放入炸过的鲮箭鱼、香豉和蒜头，改慢火卤15分钟，捞起放凉待用。

4 将鲮箭鱼斩件装盘，上席配上酸菜丝即可。

卤乌耳鳗（白鳝）

名菜故事

乌耳鳗肉质细嫩，味美，含有丰富的脂肪。乌耳鳗采用潮汕卤水卤制，具有特别风味，酱香浓郁，回味无穷，深受广大食客喜爱。

烹调方法

卤法

风味特色

口味甜香、肉质鲜嫩

技术关键

1. 乌耳鳗要过油走红。
2. 卤制时要慢火。

知识拓展

卤乌耳鳗与其他调料搭配，可制作其他菜肴。

主副料 乌耳鳗1条（约1000克），猪肚肉条250克，清水2500克

调味料 八角4克，桂皮6克，川椒料6克，甘草4克，小茴香5克，陈皮5克，芫荽头25克，南姜50克，蒜头25克，红辣椒25克，酱油300克，猪肚肉条250克，冰糖200克，白酒20克

工艺流程

1. 乌耳鳗去除内脏洗净，切成盘龙状，蘸上酱油片刻，擦干盘起放在爪篱下油镬炸熟捞起。猪肚肉条、蒜头也炸过备用。
2. 取纱布一块，将川椒粒下炒鼎炒香盛起，与八角、桂皮、甘草、小茴香、陈皮一起放在纱布中包扎成香料包。
3. 取卤水汤锅，加入酱油、芫荽头、香料包、冰糖、南姜、红辣椒、白酒，并把炸过猪肚肉条放入，再加入清水，烧开后改为中火烧30分钟，使香味渗出后舀去浮沫，煮成卤汁，放竹垫，再放入炸过的乌耳鳗和蒜头，改慢火卤15分钟，捞起放凉待用。
4. 乌耳鳗整条装盘即可。

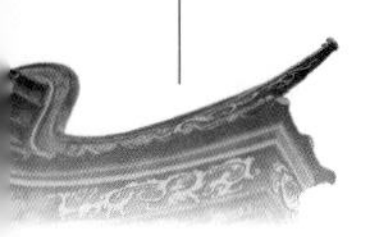

卤豆干

主副料 白豆干5块，清水2000克

调味料 八角4克，桂皮4克，川椒粒4克，甘草2克，芫荽头15克，南姜15克，蒜头25克，葱15克，红辣椒10克，酱油300克，冰糖10克，猪油200克

名菜故事

卤豆干是潮汕地区一道著名的特色小吃，深受大家喜爱。卤豆干色泽金黄，质地柔嫩，冷食更佳。卤豆干也是潮汕地区夜粥的绝配之一，深受广大食客喜爱。

烹调方法

卤法

风味特色

色泽金黄，口味香嫩

工艺流程

1 将豆干切成一拇指厚、两拇指宽的长方块，然后放入六成热油温中炸至金黄色待用。

2 取纱布一块，将川椒粒下炒鼎炒香盛起，与八角、桂皮、甘草一起放在纱布中包扎成香料包。

3 取卤水汤锅，加入酱油、香料包、南姜、蒜头、芫荽头、葱、红辣椒、猪油、冰糖，再加入清水，用大火把卤水烧沸，后改为中火烧30分钟，使香味渗出后改慢火，舀去浮沫，煮成卤汁，放入炸好的白豆干，使其入味，整个过程大约需要1分钟。

4 卤豆干捞出装盘即可。

技术关键

1. 豆干卤之前需进行油炸。
2. 卤汤必须熬出味道后才下豆干进行卤制。

知识拓展

豆干适合的烹调方法多样，可以用炸、焖、酿等方法。

卤苦瓜

名菜故事

用潮汕卤水卤制的苦瓜，肉质软糯，微苦回甘，是夏季的时令佳肴，深受广大食客喜爱。

烹调方法

卤法

风味特色

口味甘香，质感软滑

知识拓展

在潮汕菜里苦瓜入百味，有苦瓜炒鸡蛋、苦瓜海鲜汤、苦瓜鱼汤、苦瓜排骨汤、苦瓜鸡汤、拌苦瓜，火锅也离不开苦瓜。

原材料

主副料 苦瓜1000克，猪肚肉条500克，清水2000克

调味料 八角4克，桂皮4克，川椒粒4克，甘草2克，南姜15克，蒜头25克，红辣椒10克，酱油300克，冰糖10克

工艺流程

1 先将苦瓜切去头尾，切开去掉瓜籽，再切成4厘米×8厘米的长方块。洗净放进锅里飞水，漂过冷水晾干待用。

2 取纱布一块，将川椒粒下炒鼎炒香盛起，与八角、桂皮、甘草一起放在纱布中包扎成香料包。

3 取卤水汤锅，加入酱油、香料包、猪肚肉条、南姜、蒜头、红辣椒、冰糖，再加入清水，用大火把卤水烧沸，后改为中火烧30分钟，使香味渗出后改慢火，舀去浮沫，煮成卤汁，放入处理好的苦瓜，使其入味，整个过程大约需要15分钟。

4 卤苦瓜捞出装盘即可。

技术关键

1. 苦瓜初步处理形状要统一。
2. 卤汁要熬制出味后再放入苦瓜。

卤蛋

原材料

主副料 鸡蛋10个

调味料 调制好的卤水，芫荽15克，蒜泥醋2碟

名菜故事

卤蛋是潮汕地区家家户户都会做的一道家常菜品，深受大众喜爱。蛋富含优质蛋白，内层蛋黄富含卵磷脂及各种矿物质、维生素，是每日必需的营养佳品。

烹调方法

卤法

风味特色

咸香浓郁，兼有辛辣，外层略为爽脆，内层松软

工艺流程

1 鸡蛋先用清水煮8分钟至熟，凉后剥去壳待用。

2 烧开调味好的卤汤，放入去壳鸡蛋，慢火卤5分钟后熄火浸30分钟。

3 捞出卤蛋，对半切开装盘，摆上芫荽，跟配蒜泥醋2碟即可。

技术关键

1. 鸡蛋水煮时要小火，防止蛋壳破裂。
2. 鸡蛋去壳时要完整不破损。
3. 卤时要浸至入味。

知识拓展

卤鸭蛋的制作程序跟卤鸡蛋是一样的。

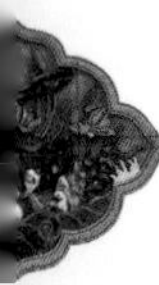

卤塘鲺鱼

名菜故事

塘鲺鱼，学名胡子鲶，主要分布于中国南方各地江河湖泊。在水库、池塘、湖泊、水堰的静水中，多伏于阴暗的底层或成片的水浮莲、水花生、水葫芦下面。

烹调方法

卤法

风味特色

卤香入味，鱼肉咸香

技术关键

塘鲺鱼宰杀后放入沸水中烫一下，再用清水洗去黏液。

知识拓展

鲶鱼和塘鲺鱼的区别：鲶鱼的胡子是2对4根，塘鲺鱼的胡子是4对8根。

主副料 塘鲺鱼1200克，猪肚肉条200克，清水2500克

调味料 八角4克，桂皮6克，川椒粒6克，甘草4克，小茴香5克，陈皮5克，芫荽头25克，南姜50克，蒜头25克，红辣椒25克，酱油300克，冰糖200克，白酒20克，酸菜丝适量

工艺流程

1. 塘鲺鱼开腹，去除内脏洗净，在沸水中烫一下去掉黏液，清洗干净备用。
2. 取纱布一块，将川椒粒下炒鼎炒香盛起，与八角、桂皮、甘草、小茴香、陈皮一起放在纱布中包扎成香料包。
3. 取卤水汤锅，加入酱油、香料包、冰糖、蒜头、芫荽头、南姜、红辣椒、白酒，并把猪肚肉条放入，再加入清水，烧开后改为中火烧30分钟，使香味渗出后舀去浮沫，煮成卤汁，再放入塘鲺鱼，改慢火卤15分钟，捞起放晾待用。
4. 塘鲺鱼斩件装盘，上席配上酸菜丝即可。

EPILOGUE 后记

广东省“粤菜师傅”工程系列培训教材在广东省人力资源和社会保障厅的指导下，由广东省职业技术教研室牵头组织编写。该系列教材在编写过程中得到广东省人力资源和社会保障厅办公室、宣传处、财务处、职业能力建设处、技工教育管理处、异地务工人员工作与失业保险处、省职业技能鉴定服务指导中心、职业训练局和广东烹饪协会的高度重视和大力支持。

《潮式卤味制作工艺》教材由广东省粤东技师学院牵头组织编写。该教材以“特色性”为原则，收录了潮汕地区常用卤味品种40个，主要包括家禽、家畜、水产、植物等常见食材的的潮式卤味，对推动粤菜传承发展和粤菜师傅培训起到积极的作用。本教材内容具有较强的实用性，不仅可作为开展“粤菜师傅”短期培训和全日制粤菜烹饪专业实训课程配套教材，同时可作为宣传粤菜的科普教材使用。

教材在编写过程中，得到汕头市南粤潮菜餐饮服务职业技能培训学校配合，并得到汕头市餐饮业协会、潮州市烹调协会、建业酒家、饶平海胜茗苑及潮汕各地乡厨支持与协助；同时得到广东烹饪协会潮菜专委会肖文清、广东科技出版社钟洁玲、俊厨坊粤菜烹饪及饮食文化推广协会潘英俊、韩山师范学院黄武营、广州市膳好食餐饮有限公司许实鸿、饶平县潘桂江等专家学者及企业家的大力支持，在此一并表示衷心的感谢！

《潮式卤味制作工艺》编写委员会

2019年8月